Heinrich Martens

Die Nordfriesischen Inseln

Sylt, Föhr und Amrum und die Halligen

weitsuechtig

Heinrich Martens

Die Nordfriesischen Inseln

Sylt, Föhr und Amrum und die Halligen

ISBN/EAN: 9783943850789

Auflage: 1

Erscheinungsjahr: 2013

Erscheinungsort: Bremen, Deutschland

*@ weitsuechtig in Access Verlag GmbH, Fahrenheitstr. 1, 28359 Bremen.
Alle Rechte beim Verlag und bei den jeweiligen Lizenzgebern.*

Cover: Foto © -jkb- (Wikipedia)

weitsuechtig

Die

Nordfriesischen Inseln.

Die Nordfriesischen Inseln

Sylt,

Föhr und Amrum

und die

Halligen.

Vortrag
von

Heinr. Martens,
Kreissecretair.

Meldorf 1896.
Verlag von Herm. Bremer.
(Leipzig: Rud. Gieglers Sort.)

Benutzte Quellen:

C. P. Hansens Schriften.
Jensen: Nordfriesische Inseln.
Dr. Gerber: Das Nordseebad Wyk auf Föhr.
Dr. Schlutius: Die Nordseebäder der Insel Amrum.
Die Prospecte der Badecommissionen.

> Göttliches Meer, der Natur
> gigantisches Grab!
> Tropfen des Segens trinkend tauch'
> ich hinab,
> Neubelebend netzet Dein Naß mir
> die Brust,
> Heiter kehr' ich zur Heimath,
> der Heilung bewußt!

An dieses schöne Dichterwort werden wir erinnert, sobald der Frühling sich anschickt, seinen Einzug in die neuerwachte schöne Gotteswelt zu halten. Erwacht doch mit jedem neuen Frühling der Reisetrieb in der Brust des Nordländers, so warm, so kräftig, wie in den befiederten Wanderern im Herbste. Der Weckruf, welcher im Mai über die sonnigen Fluren geht und überall neues Leben hervorruft, weckt auch in dem Menschen ein Echo, das ihn antreibt, neues Leben und frischen Athem zu suchen und sich zu verjüngen in und mit der keimenden und wachsenden Natur.

Das gewaltige Meer mit seinen geheimniß=
vollen Fernen, seinem Dräuen und seinem Frieden
ist von jeher ein kräftiger Anziehungspunkt für
den von der Arbeit geplagten Binnenländer und
den Touristen gewesen. Sie alle wollen von
seinen köstlichen Gaben genießen, sei es zur Freude,
sei es zur Erholung. Tausenden ist die See zum
lieben Freunde geworden, den sie alljährlich wieder
aufsuchen. Das sind die Stammgäste des Meeres,
die nicht müde werden, sein Lob zu verkünden,
und von denen jedes Bad seinen eisernen Bestand
besitzt. Sie suchen nichts als Ruhe und Erholung;
ihnen ist eine friedliche Pause des Alltagswerkes
ein Bedürfniß, und sie wollen sich ganz den ge=
waltigen Eindrücken überlassen, welche der brau=
sende Ocean auf Geist und Körper ausübt.

Weit größer aber ist das Heer von Ge=
schwächten und Kranken, welches jährlich sein Heil
in den Seebädern sucht, aus eigenem Antriebe
oder auf den Rath des Arztes. Immer mehr

erkannte die Heilwissenschaft die herrlichen Wirkungen der methodischen Seebäderkur an, so daß sich heute, während beim Beginn des Jahrhunderts keine einzige Seebadeanstalt an Deutschlands Küsten bestand, die blos in die Kurlisten der deutschen Nordseebäder eingetragene Zahl der Badegäste jährlich auf über 35000 beläuft.

Namentlich sind es die nordfriesischen Inseln, welche eine von Jahr zu Jahr steigende Anziehungskraft ausüben, weil gerade ihre Bäder die unvergleichlichen Heilkräfte der See in hervorragendem Grade besitzen.

Es kann nicht meine Absicht sein, über die Bedeutung und den Werth dieser Bäder ein Urtheil zu fällen, meine Ausführungen sollen vielmehr neben einer allgemeinen Orientirung über dieselben eine Schilderung der geographischen Verhältnisse der nordfriesischen Inseln, der Sitten und Gebräuche ihrer Bewohner und des Kriegs- und Seelebens der Insulaner bezwecken.

Nehmen wir die Karte unserer Heimaths=
provinz zur Hand und werfen einen Blick auf
die Westküste Schleswigs, so sehen wir, daß der=
selben im f. g. Wattenmeere eine Reihe von Inseln
vorgelagert ist, welche gemeinsam mit der ersteren
zum Unterschied von dem preußischen Regierungs=
Bezirk Aurich oder Ostfriesland und den nörd=
lichsten Provinzen des Königreichs der Niederlande
oder Westfriesland den Namen Nordfriesland
führt und theils aus hohen, theils aus niedrigen
Inseln besteht. Hohe Inseln sind Amrum,
Sylt, Föhr und Romö, niedrige Pellworm,
Nordstrand und eine Anzahl kleinerer, welche
Halligen heißen.

Die Geologen haben unschwer erkannt, daß
diese Inseln mit dem Festlande zusammen ge=
hangen haben; zahlreiche Sturmfluthen haben
dieselben vom Mutterlande losgelöst, indem sie
die zwischen ihnen und dem Festlande liegenden
seichten Meeresbuchten, die f. g. Watten bildeten.

Diese stehen zur Zeit der Fluth unter Wasser, werden aber zur Zeit der Ebbe beinahe trocken gelegt, und vor der Küste erblickt man dann einen meilenbreiten, blaugrau gefärbten, von s. g. Tiefen oder Wattströmen durchzogenen Schlickgrund. Viele dieser Ströme sind von so geringer Breite und Tiefe, daß es den Menschen möglich ist, sie zu überschreiten und nicht nur von einem Watt zum andern, sondern auch von einer Insel zur andern, z. B. von Föhr nach Amrum, trockenen Fußes zu gehen. Wenn die Watten trocken werden, so entsteht auf ihnen ein eigenthümliches Leben. Verschiedene Arten von Fischen, Krabben und anderen Seethieren, die durch den schnellen Abfluß des Wassers überrascht wurden, zappeln in unzählbarer Menge auf dem weichen Boden umher, verfolgt von Fischerknaben und Schaaren hungriger Seevögel.

An den Abhängen der tieferen Wattenrinnen an der schleswigschen Westküste, und zwar in der

Regel auf sandigem, mit kleinen Steinen durch=
setztem Grunde liegt eine Reihe von Austern=
bänken (es mögen deren 50 sein), die bis vor
einem Jahrzehnt eine reiche Ausbeute an, wie der
gewöhnliche Name lautet, holsteinischen Austern
lieferten und dadurch den Austernfischern guten
Verdienst gaben. Jede Bank liefert, je nachdem
sie mehr oder weniger klares Wasser und guten
Untergrund hat, verschieden schmeckende Producte.
Als die vorzüglichsten Austern gelten die auf der
„Hörtjebank" gefangenen. Die Auster gehört zu
den Selbstbefruchtern und bringt jährlich bis zu
einer Million Eier hervor. Schon einige Tage
nachdem das junge Thier aus dem Ei geschlüpft
ist, bekommt es eine sichtbare Schale, die nach
einem Jahre die Größe eines Fünfmarkstückes er=
reicht. Zu diesem Zeitpunkt wird der Sprößling
von der Mutter abgeschüttelt und beginnt ein
selbstständiges Dasein, indem er sich auf einer
Bank festsetzt. Während er beim Verlassen des

Vater= und Mutterhauses ein Schwimmorgan besitzt, verliert sich dieses nach erlangter Selbst=ständigkeit und das Thier ist ewig an die Scholle gefesselt. Das Lebensalter der Auster läßt sich nach den Jahresringen auf der Schale fest=stellen. Die Könige von Dänemark nahmen die Austernbänke als Königliches Regal in Anspruch und verpachteten den Fang, der nur in den „R" Monaten betrieben werden durfte. Die Pacht wurde mehr und mehr gesteigert; sie stieg im Jahre 1879 von 75 000 Mk. auf 163 000 Mk., ergab aber doch eine reiche Dividende für das Pächterkonsortium, wobei indessen leider eine Raubwirthschaft getrieben wurde, so daß im Jahre 1882 eine längere Schonzeit angeordnet werden mußte. 1891, also nach neunjähriger Schonzeit, gestattete die Regierung wieder die Abfischung. Leider waren die Erträge nicht befriedigend. Die Schonzeit hatte zu lange gedauert, die junge Brut war vielfach durch Schlammmassen erstickt.

Alle auf die Verbesserung der Austernbänke gerichteten Versuche blieben wirkungslos.

Zur Hebung der Austernfischerei wird in diesem Frühjahr auf Veranlassung des Fiscus eine größere Partie junger, theils ein-, theils mehrjähriger Austern aus den Küstengegenden des nordwestlichen Frankreichs bezogen. Die älteren Jahrgänge sollen sofort nach ihrem Eintreffen auf den neu angelegten Austernbänken ausgesetzt werden, wogegen die vorjährige Brut zunächst in einem besonderen Bassin untergebracht und gepflegt wird. Hoffentlich gelingt es jetzt, die früher äußerst ertragreiche Austernfischerei wieder in die Höhe zu bringen.

* * *

Alljährlich um Mitte August treffen zahlreiche Entenschwärme an den Küsten des Wattenmeeres ein, um hier so lange zu verweilen, als das Wasser eisfrei ist. Es waren zuerst die praktischen Holländer, welche auf den Gedanken kamen, diese Vögel in besonderen Anstalten zu fangen. Von ihnen holten die speculativen Föhringer das Muster zu der ersten Vogelkoje, welche 1730 auf der Insel Föhr angelegt wurde. Dem Beispiel folgten bald die Nachbarinseln Sylt und Amrum, so daß jetzt im ganzen 11 derartige Fangstätten auf den drei Inseln vorhanden sind. Die überaus sinnreiche Anlage hat einen Flächenraum von 3 bis 4 ha. In der Mitte derselben ist ein mit süßem Wasser angefüllter Teich von solcher Tiefe, daß er immer Wasser halten kann. Von diesem laufen 4 bis 6 Wassergräben, s. g. Pfeifen, in etwas gebogener Richtung strahlenartig aus und enden, enger werdend, in gewöhnlichen Reusen. An den Seiten sind sie koulissenartig mit Flechtwerkgestellen verkleidet, an den mit Netzen überdeckten Enden aber bilden sie eng zulaufende Kanäle. Gezähmte Enten, die das ganze Jahr hindurch regelmäßig gefüttert werden, locken die wilden an, folgen dem Futter, welches ihnen der ein Feuerfaß mit rauchendem Torfe tragende Kojenwärter zwischen den Spalten der Koulissen hindurch vorwirft und verleiten die letzteren, ihnen in die Gräben und deren Endkanäle zu folgen. Sind die wilden Enten so weit unter das Netz gelangt, daß sie den Wärter im Rücken haben, so tritt dieser hinter der Wand hervor und scheucht sie nach und nach bis in den Sack, in den das Netz über die Pfeife ausläuft. Rasch schließt er mit der Hand die Reuse und zieht sie beiseite, um abseits den Opfern den Hals umzudrehen. Die Verführer, die Lockenden, haben sich rechtzeitig von selbst rückwärts konzentrirt und in Sicherheit gebracht. Oft giebt der Fang eines einzigen Tages eine Ausbeute von tausend Enten, und im Jahre 1890 belief sich beispielsweise der Gesammtertrag auf 40 000 Stück.

* * *

Dies vorausgeschickt, will ich jetzt versuchen, auf diejenigen nordfriesischen Inseln näher einzu=

gehen, welche meines Erachtens das meiste Interesse in Anspruch nehmen, nämlich die drei hohen Inseln Sylt, Föhr und Amrum und die Halligen.

Die größte von den hohen Inseln ist die 101,25 qkm große Insel Sylt; sie liegt Tondern und Hoyer gegenüber, durch das ca. 15 km breite Watt vom Festlande getrennt. Die Breite der Insel zeigt große Verschiedenheiten; während dieselbe an der schmalsten Stelle, bei Rantum, nur 0,8 km beträgt, erreicht sie in der Mitte, zwischen Morsumkliff und der Westküste, den Betrag von 12 km. Längs der gesammten Westküste der Insel erstreckt sich die 36 km lange Kette der Dünen, welche an beiden Endpunkten, im Norden bei List und im Süden auf der Halbinsel Hörnum, die groteskesten und malerischesten Formen annehmen. Das Land hinter der Dünenkette besteht zum größten Theile aus Heideland; nur die weit nach Osten in das Watten-

meer vorspringende Halbinsel mit den Dörfern Keitum, dem Geburtsort Uwe Jens Lornsens, Archsum und Morsum, weist fruchtbares Marsch=
land auf mit schönen Wiesenflächen und gut an=
gebauten Feldern. Hier liegt auch das besonders den Geologen interessante Morsumkliff, die östliche Spitze der Insel, welches sich über 15 m steil aus dem Wattenmeer erhebt. An dieser Stelle tritt das Tertiär der Insel in mehreren Schichten von eisenhaltigen Sandsteinmassen und Glimmer=
thon zu Tage, dem Mineralogen und Sammler reiche Ausbeute an Versteinerungen liefernd, und zieht sich quer durch die ganze Insel, um an der Westküste im s. g. „rothen Kliff" welches sich gegen 40 m über die Meeresfläche erhebt, sein Ende zu finden. Dieses vom Mutterboden ge=
bildete Hochplateau zeigt mehrere nicht unbeträcht=
liche Erhebungen, auf deren einer man den im Jahre 1855 von der Dänischen Regierung erbau=
ten, 31 Meter hohen Leuchtthurm auf Sylt erblickt,

dessen Feuer auf 21 Seemeilen gesehen werden kann. Die Luft und die Dünenhöhen sind belebt von zahlreichen schreienden Vögeln, von Möven und Enten, von Kampfhähnen, Strandläufern und Kiebitzen. An der Westseite der Dünen dehnt sich der meilenlange, überall aus Sand bestehende Strand aus. Bei anhaltendem heftigen Ostwinde ist die Oberfläche des Meeres in Bewegung nach Westen zu; es findet alsdann unten im Meere eine entgegengesetzte Strömung statt, welche fortwährend Sandtheile vom Meeresboden ablöst und dieselben dem Ufer zuführt und den Vorstrand erhöht. Ein Theil dieses Sandes fliegt bei später eintretendem Westwinde ostwärts, bis er Widerstand findet, liegen bleibt und zuletzt ganze Sandhügel und Dünenketten bildet. An der westlichen Seite der Dünen hat, der vorherrschenden westlichen Winde wegen, der Sand nicht überall Ruhe genug, um Festigkeit zu gewinnen, daß er mit Dünenpflanzen bewachsen werden kann. Daher werden bei jeder Sturmfluth

Massen desselben theils in den Schooß der Nord=
see zurückgeführt, theils vom Sturm fortgerissen
und nach den östlichen Abhängen getrieben. Diese
sind meist abgerundet und bewachsen, während
die Westabhänge kahl, schroff und zerrissen er=
scheinen. Gewöhnlich bilden sich da neue Dünen,
wo der Sand eine geeignete Schlucht findet, vom
Strande in die Dünenkette hineinzugelangen. Auf
den Halbinseln List und Hörnum giebt es eine
besondre Art Dünen, s. g. Längendünen. Sie
sind kahl und aus gröberem Sande gebildet
als die anderen Dünen. Vom Nordwest vor=
wiegend gebildet, wandern sie nach Südost, also
in der Richtung des vorherrschenden Windes weiter.
Seit 1790 kennt man hier eine Dünenkultur durch
planmäßiges Bepflanzen derselben mit Halm und
Dünengerste. Die ungemein langen und ausdau=
ernden Wurzelstöcke dieser Pflanzen erstrecken sich
weit durch den losen Sand und binden ihn. Das
Pflanzen wurde früher hauptsächlich durch den

Fleiß der arbeitsamen Sylterinnen bewerkstelligt. Nach 1867 hat der Staat die Kosten und die Leitung der Arbeiten zum Schutze der Dünen und des Strandes übernommen.

Die Dünen und Kliffe sind von mannigfachen Sagen umwoben, die sich größtentheils auf das Meer, den Tummelplatz der Inselvölker, auf die Unholde, die die Zerstörung der Insel veranlaßten, und auf eine früher zwerghafte Bevölkerung des Eilandes beziehen. Der friesische Chronist Hansen hat den Bewohnern die Sagen abgelauscht und sie ihnen nacherzählt.

Neben den Dünen nehmen die zahlreichen Denkmäler der Vorzeit, die s. g. Hünengräber, das lebhafte Interesse in Anspruch. Dieselben sind hauptsächlich zwischen den beiden Dörfern Wenningstedt und Kampen vertreten. Die Zahl der Grabhügel soll im vorigen Jahrhundert doppelt so groß gewesen sein als gegenwärtig, da viele bei der Landauftheilung und Vermessung ohne

Nutzen für die Alterthumskunde abgetragen worden sind. Die werthvollsten und reichsten Schätze, als schöne Urnen, seltene Steinsachen, broncene Waffen und Schmucksachen, sind aber durch den Herrn Director des Schleswig-Holsteinischen Museums vaterländischer Alterthümer in den Jahren 1868 bis 1880 für das Kieler Museum gewonnen worden.

Der Sylter Chronist Hans Kielholt führt auf Sylt drei Burgen und einen Wachtthurm bei Keitum auf. Die Rathsburg, wo sich die freien Männer Sylts zum Rath versammelten, liegt im Dünensande begraben. Die Archsumburg ist 1869 abgetragen, und so bleibt nur die südlich von Tinnum und westlich in der Marsch liegende „Tinseburg", wo man einst Schatz und Zins zahlte, zur Betrachtung übrig. Dieselbe ist an dem s. g. Döplemsee gelegen, der früher seinen Ausfluß in die Föhr und Sylt umgebenden Gewässer gehabt haben soll. Der noch vorhandene ringförmige Erdwall hat eine senkrechte Höhe von 6 Meter, einen inneren Umfang von 220, einen äußeren von 400 Meter. Nach den Angaben von Dr. Ludwig Meyn hatten die Burgen vor Erbauung der Deiche an der Westküste den Zweck, bei Ueberschwemmungen Sammelplatz für Menschen und Vieh zu sein — und man darf wohl annehmen, daß sie nebenher der Zufluchtsort für Seeräuber waren. Der Besitzer einer solchen Burg hatte gewöhnlich neben derselben seine Wohnung; seltener war diese vom Burgwall umschlossen. Als aber im 14. Jahrhundert dänische Ritter in diese Gegenden gesandt wurden, die ausgebliebenen Steuern einzutreiben, da wurden die Burgen ihr Aufenthaltsort, an dem sie sich verschanzten und von welchem aus sie das Volk zu zwingen und zu knechten versuchten. Die Friesen bauten ebenfalls zu ihrem Schutze neue Burgen — wie die Rathsburg u. a. m., nannten sich „Wage" oder „Wogenmänner" und scheinen bald über die Zwingherrn gesiegt zu haben, da diese nach 1362 in der Sylter Chronik nicht mehr genannt werden.

Die Insel Sylt beherbergt etwa 4500 Einwohner, welche sich auf 11 Ortschaften vertheilen, von denen 3 Pfarrkirchen haben, nämlich Westerland, Keitum und Morsum. Der bedeutendste Ort ist das weltbekannte Nordseebad Westerland, welches längst dem früheren Hauptorte Keitum den Rang abgelaufen hat. Der Grund für dieses rasche Emporblühen Westerlands war dessen ungemein günstige Lage am Weststrande der Insel, der in seiner ganzen Ausdehnung den herrlichsten Badestrand abgiebt. Das Sylter Bad besitzt von allen bekannteren Seebädern den kräftigsten Wellenschlag; auch sind die geologischen Verhältnisse des Strandes derartig günstig beschaffen, daß das Baden daselbst trotz des kräftigen Wellenschlages an allen Punkten bei Beobachtung der nöthigen Vorsicht nicht allein vollkommen gefahrlos, sondern auch unabhängig von Ebbe und Fluth zu jeder Tageszeit stattfinden kann. Verhältnißmäßig spät, erst Ende der 50er Jahre, wurde dieser Vorzug Sylts von dem Herrn Stabsarzt Dr. Roß in Altona anerkannt; allein von dieser Zeit an hat sich der Ruf der Sylter Seebäder rasch verbreitet und alljährlich mehr Kurgäste herangezogen.

Die dänische Regierung sah s. 3. die Anlage und Erweiterung der Sylter Seebadeanstalt mit mißtrauischen Augen an. Das Bad wurde ja vorwiegend von Deutschen besucht, und so versagte die Regierung trotz wiederholten Bittens der Westerländer die Concession, „auf einer Strandstrecke von 7200 dänischen Fuß ausschließlich Seebäder verabreichen zu dürfen." Nachdem jedoch die Umwälzung von 1864 der Dänenherrschaft ein Ende gemacht hatte, begann sich das Bad derartig zu heben, daß unter den Segnungen des Friedens mit jeder neuen Saison die Zahl der

Badegäste nicht allein gewachsen ist, sondern sich mehr als verdoppelt und verdreifacht hat. Wenn ich nicht irre, bezifferte sich die Frequenz der letzten Saison auf über 10000 Besucher.

An die Stelle des früheren kleinen Fischerdorfes Westerland ist ein blühender Badeort getreten, der mit seinen geraden Straßen und schönen, meist in Ziegelrohbau aufgeführten Häusern und Hotels, die fast alle zur Aufnahme von Badegästen eingerichtet sind, einen imposanten, fast städtischen Eindruck macht.

Das Nordseebad Westerland erreicht man von dem Landungsplatz Munkmarsch vermittelst der im Jahre 1888 eröffneten Spurbahn in einigen Minuten. Die Strandstraßen führen zwischen hübschen Läden und Privatwohnungen hindurch auf die Dünen, auf deren flüchtigem Sande mit Mühe hübsche Bauten aufgeführt wurden, von welchen aus man eine prächtige Aussicht auf das Meer genießt, dessen Rauschen und Brausen gleich donnerartigem Getöse von der anderen Seite der Dünen her vernehmbar ist. Vom Kamm der Dünen führen bequeme Treppen zu den Strandhallen und zum Strande hinunter. Herrlich ist der Anblick des blaugrauen, wallenden Meeres, über welches sich schreiende Möven erheben, die sich ab und zu in die Fluthen tauchen.

Südlich von Westerland liegt im Schutze der Dünen ein dunkles Mauerviereck, über dessen Eingang das Zeichen des Kreuzes und die Inschrift:

„Heimstätte für Heimathlose.
Offenb. Joh. 14. 13."

auf die Bestimmung deuten, welche man diesem friedlich gelegenen Flecken Erde gab. Hier werden Schiffbrüchige beerdigt, welche das Meer an den Strand wirft.

Nachdem über die aufgefundenen Strand=leichen ein genaues Personale aufgenommen wor=den ist, sofern sich die Züge und besondere Zeichen noch erkennen lassen, werden dieselben hier zur letzten Ruhe bestattet und die Gräber mit einem schwarzen Kreuze, enthaltend Datum und Jahr der Bestattung des Heimathlosen, versehen.

Die Königin von Rumänien (als Dichterin unter dem Namen Carmen Sylva bekannt) widmete am 17. August 1888 im Gedenken an die fernen Wittwen und Weisen der Heimstätte einen Gedenkstein, welcher auf einer silbergrauen Marmortafel die Inschrift trägt:

> Wir sind ein Volk, vom Strom der Zeit
> Gespült zum Erdeneiland,
> Voll Unfall und voll Herzeleid,
> Bis heim uns holt der Heiland.
> Das Vaterhaus ist immer nah,
> Wie wechselnd auch die Loose —
> Es ist das Kreuz von Golgatha
> „Heimath für Heimathlose."

Etwa ³/₄ Stunden nördlich von Westerland liegt dessen Tochterbad, das kleine Oertchen Wenningstedt, welches gleichfalls am Strande in unmittelbarer Nähe des romantisch schönen rothen Kliffs Badeeinrichtungen besitzt.

Von den übrigen Ortschaften der Insel seien hier nur noch der Landungsplatz Munkmarsch, Tinnum, auf halbem Wege zwischen Westerland und Keitum belegen, sowie Rantum, auf der schmalen Landzunge Hörnum, und List erwähnt. List ist an der Nordspitze der Insel in der Nähe des schönen, jetzt allerdings etwas versandeten Königshafens gelegen und wird wegen seiner herrlichen Dünenlandschaften, in denen unzählige Vogelarten ihre Brutstätten haben, von den Badegästen mit Vorliebe besucht. Auf dem nördlichsten Ende der Halbinsel List, dem s. g. Ellenbogen, erbaute man 1857 zwei Leuchtfeuer, die 18 resp. 20 Meter hoch das Licht tragen. Am Ufer des vorhin genannten Königshafens lag früher die Residenz des Lister Eierkönigs, der, wenn es galt, das Gebiet der hier Eier legenden Möven zur Zeit der dritten Brut zu überwachen, selbst mit Edelleuten, die ungefragt in sein Revier einbrangen, den Kampf aufnahm.

Die Thier- und Pflanzenwelt auf Sylt bietet für den Binnenländer manches Neue und Interessante. Während das muntere Leben und Treiben der großen Schaar von Seevögeln für jeden Naturfreund etwas Anziehendes und Unterhaltendes hat, ist es besonders die Jagd auf Seehunde, die auf viele sportlustige Kurgäste einen besonders starken Reiz auszuüben pflegt.

Die hochstämmige Vegetation ist in Folge der fast constant wehenden heftigen Seewinde auf der Insel im Allgemeinen ziemlich dürftig vertreten, und man trifft schöne Bäume fast nur an der östlichen Seite oder sonst nur an Orten an, an denen vorliegende Gebäude genügenden Schutz vor den rauhen Westwinden im Winter bieten. Selbst das einzige kleine Gehölz der Insel, in der Nähe von Munkmarsch gelegen, der Victoria- und Lornsenhain, macht einen ziemlich kahlen und öden Eindruck; aber es ist nicht ohne Interesse, an seinen eigenthümlichen Baumconfigurationen ben für die Vegetation verheerenden Einfluß der scharfen Westwinde zu sehen und zu studiren.

Die nächstgrößte der hohen Inseln ist die ca. 80 qkm umfassende Insel Föhr, das mittelste und von der Natur am freundlichsten ausgestattete Stück der friesischen Uthlande. Sie liegt 7 bis 12 km vom Festlande entfernt und besteht in ihrem südlichen und südwestlichen Theile, etwa $2/5$ des Ganzen, aus hochliegendem Geestlande, in ihrem übrigen Theile aber aus fruchtbarem Marschlande, welches gegen die See durch hohe Teiche geschützt ist.

Die Insel Föhr beherbergt etwa 4700 Einwohner, welche sich auf 17 Ortschaften vertheilen. Wyk, der Hauptort der Insel mit ca. 1200 Einwohnern, liegt auf der Ostküste, nahe der Südostecke, hat also die Front nach dem Wattenmeere zu. Zwischen den Häusern des Orts und der Küste liegt eine breite Baumallee, „der Sandwall", welche dem Flecken für die zur See Ankommenden einen sehr freundlichen, gewinnenden Eindruck verleiht. Vom Sandwalle aus neigt sich die Küste sanft zu einem breiten Strande, der sich nur sehr allmählich in die See erstreckt. Wyk ist recht eigentlich das Nordseebad für Familien mit Kindern. Seine Lage schützt es vor den rauheren Nordwestwinden, öffnet dagegen den wärmeren, feuchten südlichen und südwestlichen Luftströmungen freien Zugang. Das Klima des Sommers ist durchaus gleichmäßig, die Temperatur schwankt wenig, und schroffe Uebergänge sind äußerst selten. Denselben Charakter der Milde zeigen auch die 10 Minuten vom Orte entfernt liegenden Seebäder. Der auch hier sehr sanft geneigte Strand ist den Westwinden nicht ausgesetzt; daher fehlt der stürmische Wellenschlag, weshalb die Bäder weniger stark wirken, aber dafür auch von solchen gut ertragen werden, denen die stärker wirkenden übrigen Nordseebäder nicht zuträglich sein würden. „Das Königsbad" wurde Wyk in der dänischen Zeit vielfach genannt, weil König Christian VIII hier mehrfach Hof hielt, und noch heute sprechen die Bewohner von Wyk und Föhr mit dankbarer Erinnerung von der „Königszeit" und dem leutseligen und feingebildeten Monarchen, durch welchen Wyk erst seine größere Bedeutung erhielt. Dieser König legte ein lebhaftes Interesse für das schnell emporblühende Bad an den Tag. Er ließ ein eigenes Wohnhaus für sich und seinen Hof aufführen — heute das „Hotel Reblesien" — und den nach ihm benannten „Königsgarten" in der Nähe des Hafens anlegen, der einen großen Teich und ein Wirthschaftsgebäude enthält, und mit Ulmen, Linden und Kastanien malerisch umschlossen ist.

Das Nordseebad Wyk konnte im Juli 1894 sein 75 jähriges Jubiläum begehen und feierte dieses Fest unter großer Betheiligung der Badegäste.

Auf Anregung des Physikus Dr. Friedlieb

in Husum, der die auf Föhr vorhandenen günstigen Bedingungen, vor Allem die milde Form des Bades, erkannte, veranlaßte v. Colbitz, damals Landvogt für Wyk und Osterlandföhr, im Jahre 1819 die Eröffnung des Bades. Es hatte sich damals eine Gesellschaft von 20 Actionairen gebildet, aber das Seebad entwickelte sich nur langsam; im ersten Jahre kamen 61 Kurgäste. Im Jahre 1823 wurde dann ein Konversationshaus errichtet, und König Friedrich VI von Dänemark gestattete, daß das Bad unter die Protection seiner Tochter, der Prinzessin Wilhelmine, gestellt wurde und von nun an den Namen „Wilhelminenseebad auf Föhr" führte. Aber erst als König Christian VIII und Friedrich VII im Sommer ständig Hof in Wyk hielten, wurde letzteres ein Sammelplatz der dänischen Aristokratie. Sein Ruf drang nun in immer weitere Kreise und gewann endlich auch in Hamburg und im weiteren Deutschland an Boden. Dem Beispiele des dänischen Königshauses, das Seebad zu begünstigen, folgte später auch das Haus Hohenzollern. Denn sowohl im Jahre 1865, als in den Jahren 1872 und 1873 war Kaiser Friedrich als damaliger Kronprinz mit seiner ganzen Familie in Wyk anwesend, und im Jahre 1887 fand auch die Kaiserin Augusta Victoria mit den prinzlichen Kindern nach einem mehrwöchigen Aufenthalt hier Erholung und Stärkung. Seitdem ist die Zahl der Fremden von Jahr zu Jahr gestiegen und bezifferte sich in der letzten Saison auf über 5000, ein Umstand, welcher zu nicht geringem Theile auf das erfolgreiche Zusammenwirken des Besitzers der Badeanstalten und der von der Königlichen Regierung im Jahre 1882 zur Verwaltung eingesetzten Badekommission zurückzuführen ist.

In Ansehung des Charakters des Wyker Seebades hat der Verein für Kinderheilstätten im Jahre 1883 in Wyk ein Kinderhospiz errichtet. Es verdankt sein Entstehen den Anregungen des hochsinnigen Professors Medicinalrath Benete. Die Kinderheilanstalt nimmt Kinder auf, welche nicht bettlägerig sind, aber an scrophulösen Krankheiten leiden, nerven- oder brustkrank sind, oder an allgemeiner Schwäche der Constitution leiden. Der Erfolg für die leidenden Kinder ist sehr erfreulich gewesen.

Ich lade Sie jetzt ein, mit mir in Gedanken eine Wanderung durch die Insel zu unternehmen.

Von Wyk gelangen wir auf einer chaussirten Fahrstraße in den westlichen Theil der Insel. Wir lassen zunächst Bolbirum mit der St. Nicolai-Kirche rechts liegen und gehen weiter nach Nieblum. Auf halbem Wege dorthin erblicken wir zur rechten Hand auf einer kleinen Anhöhe ein Denkmal mit der Inschrift: „Stenen bevarer hans navn, hjertene hans minde", zu Deutsch: „Der Stein bewahrt seinen Namen, das Herz sein Andenken", welche sich auf König Friedrich VI von Dänemark bezieht, der Föhr 1824 besuchte.

In Nieblum, dem Tochterbad Wyks, kehren wir bei Broder Witt ein, und nachdem wir dort das Badeleben im Kleinen in dem hübschen Witt'schen Gesellschaftsgarten kennen gelernt haben, verlohnt es sich, das Innere der im 12. Jahrhundert erbauten St. Johannis=Kirche zu Nieblum, der größten unter allen Landkirchen Schleswigs, in Augenschein zu nehmen und die Inschriften der Denkmäler auf dem Kirchhofe zu studieren.

Viele Sprüche auf den Kirchhöfen der Insel erinnern an die Seefahrten der alten Friesen, z. B.:

Ich schiffte auf dem Meer
nach Grönland hin und her,
die Fahrt ist abgethan,
ich bin in Kanaan,
wo Wellen, Eis und Wind
nicht mehr zu finden sind.

*

Zur See bin ich gefahren
auf Grönland manche Jahren
und hab dabei empfunden
viel leid= und freudvoll Stunden.

*

Auf diesem Meer der Welt
ist Müh' und Unbestand;
Vollkommenheit und Ruh
bringt jenes Vaterland.

❋

Die letzte Reise ging gen Himmel
aus diesem schnöden Weltgetümmel.

❋

Da die alten Friesen ihre Beschäftigung auf dem Meere hatten und sich immer nach dem sicheren Hafen sehnten, so stellten sie sich das Jenseits gerne unter dem Bilde eines Hafens vor. Wir sehen dies an folgenden Grabschriften:

Schifft also auf dem Meer der Welt,
daß nicht des Himmels Hafen fehlt.

❋

Die Schifffahrt dieser Welt
bringt Angst, Gefahr und Noth,
des Himmels Hafen Ruh
nach einem sel'gen Tod.

❋

Im seligen Hafen des Himmels
liegt nun gesichert sein Schiff;
kein Sturm bedroht mehr,
keine Sturzsee, kein brausendes Riff.

❋

Die rechte Hand Gottes, die alles regieret,
hat uns zum rechten Hafen geführet.

✻

Die Hoffnung ist erfüllt,
wenn man im Hafen liegt;
die Ruhe angenehm,
wenn Sturm und Noth besiegt.

✻

Alle Noth ist dann besiegt,
wenn das Schiff im Hafen liegt.

✻

Auf Bildern, Schiffe darstellend, finden wir folgende Sprüche:

Beim Hafen von Ostende
war meiner Seefahrt Ende.
Ein'n bessern Hafen wünsch ich mir
bei Gott, dem Helfer, dort bei dir.

✻

Zur Seefahrt ich berufen bin,
das dank ich Gott, doch steht mein Sinn
nur nach des Himmels Hafen hin.

Zu den denkwürdigsten Leichensteinen gehört derjenige des Kapitains Dirck Kramer zu St. Johannis. Die interessante Inschrift seines Denkmals lautet:

Der Seemann waget viel,  Das liebe theure Leben
Dem ungestümen Meer Auf Brettern hinzugeben.
Der Christ wagts recht, wann er das Herz,
das beste Gut,
Aufopfert dem, der es verkauft mit seinem Blut.
Allhier ruhen die Gebeine
DIRCK CRAMERS
des weyland wohlachtbaren Westindischen Capitains
aus Nieblum
gebohren den 26. August 1725 in Boldixum,
der in seinem Leben mit Gott viel gewagt,
aber auch
unter seiner Leitung viel Glück gehabt;
er wagete es,
vom 17. Jahr an sein Leben der wilden See
anzuvertrauen, unter vielen Proben
der göttlichen Hülfe von 1756—1762 ein Schiff nach
3 Theilen der Welt zu führen und es ward eine jede
Fahrt in VI Jahren mit Segen gecrönet;
er wagete es, auf göttlichem Winck sich abwesend
zu verbinden mit der
tugendsamen EYCKE JENSEN aus Nieblum,
ob er sie gleich nie gesehen
und siehe es gelang ihm, denn er führte
vom 1. November 1762
fast 7 Jahr in Ruhe die zärtlichste Ehe,
er wagete es endlich hoffnungsvoll
6. August 1769 über das schwartze Meer
des Todes zu schiffen
Und siehe, er kam glücklich hinüber und anckerte
nach einer 44 Jährigen Lebensfahrt
in dem sicheren
Hafen der seeligen Ewigkeit.

Von dem vielen Lesen ist uns die Zunge trocken geworden. Es empfiehlt sich, einen Thee=punsch zu sich zu nehmen, um erfrischt unsere Wanderung über Goting und Borgsum fortzusetzen. Hier zweigen wir nordwärts ab und gelangen an die s. g. „Borgsumburg" oder „Lembecks=burg", einen mit Gras bewachsenen, ringförmigen Burgwall. Derselbe ist 11 Meter hoch und hat einen Umfang von 450 Metern. Die Burg war einst der Zufluchtsort des Ritters Claus Limbeck oder Lembeck, welcher Marschall des Königs von Dänemark war und 1362 mit Westerland=Föhr belehnt wurde. Nachdem die Friesen in 14 Jahren keine Steuern bezahlt und Lembeck in Ungnade gefallen war, suchte ihn der König Waldemar 1374 in dieser Burg auf und begann die Bela=gerung derselben, um den Ritter durch Hunger zur Uebergabe zu zwingen. Von der Burg aber führte damals, wo wir heute noch niedriges Land erblicken, ein Gewässer ins Meer hinaus. Mit einem Boote entkam so bei Nacht Lembeck der Gefangenschaft nach der Wiedingharde. Nach der Zeit diente die Burg dem Königl. Vogt Frelleffen zur Wohnung, in der er vor den ihn befehdenden Westerlandföhrern Schutz suchte. Nach 1420 wurde dieselbe zu kriegerischen Zwecken nicht mehr benutzt. — Wir verfolgen nunmehr die Chaussee nach Utersum und gewahren zu unserer Rechten die St. Laurentii-Kirche, während sich zu unserer Linken bei den kleinen Dörfern Witsum und Hedehusum ein großes Todtenfeld mit einer Reihe von Hünengräbern ausbreitet. Viele solcher Hügel sind bereits abgetragen, so daß nur etwa 150 noch vorhanden sein dürften. Man fand in den bisher untersuchten Gräbern zumeist außer Knochenresten, Waffen, Schmucksachen ec. aus Bronce und Eisen. Zur Zeit nimmt, wie mir der Herr Amtsvorsteher für Westerlandföhr gelegentlich meiner Anwesenheit daselbst im Herbst 1895 mittheilte, der Lehrer Philippsen in Utersum Ausgrabungen mit Erfolg vor, um seine Funde demnächst dem Museum vaterländischer Alterthümer in Kiel zu überweisen.

In Utersum angelangt, passiren wir eine Strecke des im Nordwesten, Norden und Osten die tiefer gelegene Marsch schützend umschließenden mächtigen Steindeichs, um sodann, da uns Interessantes nicht mehr geboten wird, eiligst über Dunsum, Oldsum, Klintum und Toftum nach Alkersum zu gelangen, woselbst schon lange die allbekannte Frau Bastian Hayen, gewöhnlich „Gretjen" genannt, auf uns wartet. Der hübsche Garten und die liebenswürdige Aufnahme laden zum längeren Verweilen ein. Es wird spät, bevor wir „an be Wit" kommen, indessen sind nur noch Midlum, Oevenum, Wrixum und Boldixum zu passiren, und in $^3/_4$ Stunden sind wir am Ausgangspunkt unserer Wanderung wieder angelangt, froh, das Bett aufsuchen und uns von den Strapazen des Tages ausruhen zu können.

* * *

Südwestlich von Föhr, 30 km vom Festlande entfernt, liegt die 10 km lange und 3 km breite Insel Amrum. Der Boden im Osten ist Marschland, wohingegen der Hauptinselkörper, geradeso wie Sylt, mit jungem Grand-Diluvium bedeckt ist. An der Süd- und Westseite der Insel erstreckt sich ein breiter, allmählich in die See abfallender Badestrand. Das ganze Westland, sowie der Süden und Südosten ist ein fortlaufender Dünenkamm, welcher zeitweilig bis zu einer Höhe von 30 m den Meeresspiegel überragt und der Landschaft einen gewissen romantischen Charakter verleiht. Es mag daher Pastor Mecklenburg, welcher einem alten Pastorengeschlecht der Insel entstammt, nicht so ganz Unrecht haben, wenn er sagt:

> Wollt ihr die Schweiz im Kleinen sehn,
> Müßt ihr von Föhr nach Amrum gehn;
> Der Dünen flüchtig Sandgefild
> Zeigt täuschend euch der Alpen Bild,
> Sie schimmert ja so weiß und licht,

Und droben fehlt's an Hafer nicht;
Ein wenig Gras auf wüstem Strand:
Was braucht es mehr zum Schweizerland?

Die Außenseite des Dünengürtels weist beträchtlich schroffe Abhänge und Einschnitte auf, durch welche die lockeren Sandmassen bei heftigen Winden in die Dünen getrieben werden und das Sandgestöber verursachen. Dieses fortwährende Sandtreiben veranlaßt das allmähliche „Wandern" der Dünen von Süden nach Osten und ist für die angrenzenden Fluren und Dörfer höchst schäd= lich. Durch Anpflanzung von Sträuchern und Besäen mit Strandhafer gelingt es jedoch, sie zu erhalten; sie bilden alsbann eine schützende Vor= mauer gegen die tobenden Fluthen und Ersatz für die kostbaren Deiche.

Interessant sind auch die vorzeitigen Opfer= stätten, Grabhügel und Steinsetzungen, deren theilweise Bloßlegung werthvolle Urnen mit ver= brannten menschlichen Knochenresten, sowie steinerne und metallene Waffengeräthe zu Tage geförbert hat.

Die Gesammtzahl der Bewohner von Amrum beläuft sich auf ca. 1000 Seelen, welche bei ihrer jahrhundertelangen Abgeschlossenheit die Sprache, Sitten und Tracht der Friesen rein bewahrt haben. Die jetzigen Friesen auf Amrum haben sich im großen und ganzen in den drei Dörfern Süddorf, Nebel und Norddorf, um die herum sich ihre Weiden und Aecker gruppieren, wohnlich eingerichtet. Als größtes Dorf ist Nebel zu betrachten, welches die St. Clemens-Kirche, welche früher auf jetzt untergegangenen Sanden des Wattenmeeres gestanden haben soll, besitzt. Von den vielen, höchst lesenswerthen Grabschriften der Denkmäler des Friedhofs ist hervorzuheben die Inschrift des westlich von der Kirche gelegenen Denkmals Hark Oluf's, welcher nach mehrfachen abenteuerlichen Streifzügen und Kriegen 1754 gestorben und daselbst begraben ist. Ich werde mir erlauben, im späteren Verlaufe meiner Schilberung auf die Schicksale des Hark Oluf in dem das See- und Kriegsleben der Insulaner behandelnden Kapitel eingehender zurückzukommen.

Die Südspitze der Insel, welche sich mit breitem, weithin dem Meere vorgelagertem Strande bis an die Landungsbrücke nach Osten krümmt, wird ganz von dem Seebad Wittdün eingenommen.

Von den großen eleganten Logirhäusern sind zu nennen:

1. das Kurhaus Wittdün, auf hoher Düne gelegen, mit 63 Logirräumen, großen Speise- und Konversationssälen;
2. das Hotel Wittdün, gleich hinter dem Kurhause, ein aus Wellblech gefertigtes, hübsches Gebäude mit 38 Logirzimmern;
3. der Kaiserhof, hoch oben auf der Düne, hart am Strande, mit 35 Logirzimmern und schöner Aussicht auf das Meer und die benach-

barten Inseln und Halligen;

4. das Strandhotel, hart am Meer mit 30 Logirzimmern und eigener Landungsbrücke.

Einige Meter vom Meeressaume entfernt liegt das in den Dünen versteckte, massive Gebäude der südlichen Rettungsstation. Die breiten Holzschienen, „Helling" genannt, welche vom Meere den Strand hinauf zu dem großen Doppelthore führen, sind dazu bestimmt, das schnellere Hinabgleiten des Rettungsbootes zu bewirken. Das Boot, mit Namen „Elberfeld", ist aus Stahlblech gefertigt. An Steuer- und Backbordseite hat dasselbe einen Luftkasten und trägt außerdem noch einen starken Korkwulst, der es gegen Versinken schützt. Der Kiel, mit Eisen oder Blei beschwert, ist flach, doch so gebaut, daß er bei jeder Welle die aufrechte Stellung des Bootes zu erhalten strebt. Die zur Bemannung zählenden 8 bis 10 Ruderer stehen unter dem Kommando des Vormanns oder Steuermanns. Bekleidet ist die Mannschaft mit langen Krempstiefeln und Oelzeug, auf das Korkstreifen genäht sind, die solche Tragfähigkeit besitzen, daß der völlig bekleidete Mann mit den Schultern noch über dem Wasserspiegel hervorragt. Ueber die wettergebräunten Wangen wird die Schnur des Südwesters gewunden und um den braunen Hals das Tuch mit dem Schifferknoten geschlungen. Die großen Riemen in der Hand, das Steuer im Arm, geht die kleine Schaar in die entfesselte See, um mit eigener Lebensgefahr ihren Mitmenschen Hülfe zu bringen. Von diesen Muthigen singt der Dichter:

> „Das sind die Lotsen dieses Strandes,
> Die Helfer in des Sturmes Wuth;
> Das sind die Kühnsten ihres Standes,
> Das ist armringisch Heldenblut."

Es war im Monat October 1890, als auf den Donner der Alarmkanonen diese zwölf beherzten Männer mit ihrem Boote das Rettungswerk bei Wenningstedt (auf Sylt) vollführen wollten. Die See ging ausnahmsweise hoch und brachte das Boot zum Kentern, ehe die Brandungsstelle erreicht war. Zehn Mann gelang es, in dem empörten Elemente das Boot zu wenden und wieder zu besteigen; zwei hingegen wurden von der Strömung erfaßt und abseits getrieben. Nachdem wiederholte Versuche, die Kameraden zu retten, fehlgeschlagen waren, riefen die beiden dem Tode Geweihten der Bootsbemannung ein „Lebewohl" an Frauen und Kinder hinüber und überließen sich machtlos den Wogen. Sie starben durch Erfrieren einen langsamen, qualvollen Tod. Einige Wochen später wurden die Opfer ihres Berufs an fremden Gestaden auf Jütland als Leichen angespült aufgefunden.

Verlassen wir nun Wittdün und gehen am Rande des Wattenmeeres entlang, so gelangen wir nach dem alten Hafenorte Steenodde mit dem Gasthaus „zum lustigen Seehund", welches über 17 Fremdenzimmer verfügt. In dem Tanz=

saale, der zur Abhaltung der Insulanerfestlichkeiten dient, sind viele Alterthumsfunde und ausgegrabene Sehenswürdigkeiten zur Schau gestellt.

Wenden wir dem Wattenmeere den Rücken und lenken unsere Schritte westlich nach dem Innern der Insel, so kommen wir schließlich zu dem großen Leuchtthurm. Am Fuße der 26 Meter hohen Düne liegen die Oecononmie-Gebäude und das Wohnhaus des Leuchtthurmwärters. Besteigen wir die 116 Stufen, welche zu dem Fuße des eigentlichen Leuchtthurmes führen, so befinden wir uns auf einem Plateau mit festem Betonfußboden. Unter dieser Decke befinden sich die großen Petroleum-Bassins, welche das Brennmaterial für den Brenner liefern. Folgen wir dem Wärter in den Thurm, welcher 67,7 Meter über dem Meeresspiegel steht, so haben wir bis zum Leuchtapparate noch 200 Stufen zu ersteigen. Erbaut wurde dieser Thurm, dessen Blinkfeuer als höchstes der deutschen

Nordsee schon auf 22 Seemeilen Entfernung die Schiffer vor Sandbänken und Brandung warnt, in der ersten Hälfte der 70er Jahre mit einem Kostenaufwande von einer halben Million.

Der Leuchtapparat, der allein fast 70000 Mark gekostet hat, wurde aus Paris bezogen. Er besteht aus 16 Feldern, von denen jedes mit einer Kristalllinse und zahlreichen meisterhaft geschliffenen Kristallprismen versehen ist. Im Centrum der 16 Felder steht der mächtige "Brenner". Der Glasmantel, welcher durch ein Uhrwerk gleichmäßig langsam im Kreise bewegt wird, macht in 320 Sekunden eine Umdrehung. Da nun auf jedes Feld ungefähr 20 Sekunden entfallen, so giebt der Leuchtapparat ungefähr 6 Sekunden "Blinklicht", wohingegen 14 Sekunden lang Dunkelheit herrscht. Diese Verdunkelung entspricht der Zeit, in welcher die broncene Einfassung der 16 Felder jedesmal vor dem Brenner steht. Die Kuppel des Thurmes ist mit einer starken Galerie umgeben, von der wir eine großartige Rundschau genießen. Im Osten sehen wir über die Halligen und die Insel Föhr hinweg in grauer Ferne das Festland. Nach Westen schweift der Blick über die endlose Fläche der Nordsee mit ihren gefährlichen Sandklippen, die in früheren Jahren zahllosen Schiffen zum Verderben geriethen und auch jetzt noch manches Opfer an Gut und Leben fordern.

Nördlich vom Leuchtthurm ragt aus dem Dünensaume als 30 m über dem Meere sich erhebender Kegel die Sattelbüne majestätisch hervor. Am Fuße derselben liegt das nach dieser Düne benannte, 70 Logirzimmer enthaltende „Kurhaus zur Sattelbüne", welches mit dem am äußersten Rande des vorgelagerten „Kniepsand" angelegten Badestrande verbunden ist.

Bei unserer weiteren Wanderung über die Insel gen Norden gelangen wir an die nördliche Rettungsstation, welche am Nordborfer

Strande liegt und ein ähnliches Boot, Namens „Theodor Preußer", mit den dazu gehörigen Rettungs-Apparaten besitzt, wie ich es bei der südlichen Rettungsstation beschrieben habe.

Verfolgen wir die Dünenkette nach Norden hin weiter, so fällt uns eine Durchbruchstelle mit schönen grünen Wiesen inmitten der Sandhügel auf. Es ist dies der Durchbruch „Risum", welcher 1820 bei einer übergroßen Sturmfluth die Kontinuität des Dünensaumes trennte. Bei jeder Sturmfluth wird die Durchbruchstelle überschwemmt; es findet damit eine Trennung der Insel vom Nordtheil statt. Leider hat sich die Befürchtung, daß bei einem ferneren Durchbruch dieser Theil der Insel dauernd von ihr getrennt würde, bei der vom 4. bis 9. December 1895 herrschenden hohen Sturmfluth bestätigt. Die von der Königlichen Regierung zum Schutz des Risumer Durchbruchs gemachten Buhnenbauten sind stark beschädigt, der Durchbruch hat sich bedeutend vergrößert, so daß das Nordende der Insel mit dem christlichen Seehospiz als eine Hallig zu bezeichnen ist, wenn nicht Vorkehrungen zum Schutz dieser Inselspitze getroffen werden.

Das eben erwähnte Seehospiz, eine Schöpfung des Pastors v. Bodelschwingh und einer Reihe christlicher Freunde, wurde im Jahre 1890 eröffnet. Auf dem zu demselben gehörigen Complexe, Seehospiz I benannt, stehen außer einem ansehnlichem Mittelbau, welcher den Speisesaal enthält, drei schöne Hospizhäuser, die zwischen 70 bis 90 Badegäste beherbergen können. Die am weitesten südlich gelegene Dependenz, **Prinzenhaus** benannt, ist eine kleine anmuthige Villa, welche im Juli und August 1892 zum Aufenthalte der hohen Protektorin des Seehospiz, Ihrer Königl. Hoheit Prinzessin Heinrich von Preußen, reservirt gewesen ist.

Von den jüngeren Nordseebädern ist die Insel Amrum, welche überhaupt seit dem Jahre

1890 officiell zu den Nordseebädern zählt, dasjenige, welches sich von kleinsten Anfängen binnen wenigen Jahren zu einer achtenswerthen Bedeutung aufgeschwungen hat, wovon die Zahl der Kurgäste, welche sich in der letzten Saison auf 2500 bezifferte, Zeugniß giebt.

* * *

Für die diesjährige **Seeverbindung** von Hamburg nach den Nordseebädern ist ein fester Vertrag zwischen Herrn Director Ballin in Hamburg und den Nordseebädern für eine tägliche Dampferverbindung abgeschlossen worden. Hiernach werden die Fahrten zwischen Hamburg und den Nordseeinseln in dieser Saison so ausgeführt, daß der neu erbaute Salon-Schnelldampfer „Prinzessin Heinrich" über Helgoland nach Norderney, Salon-Schnelldampfer „Prinzeß Elisabeth" von Hamburg über Cuxhaven-Helgoland nach List auf Sylt fährt, und der im Vorjahre für diesen Zweck erbaute Postdampfer „Balder" die tägliche Verbindung Helgoland=Wittdün auf Amrum und Wyk auf Föhr herstellt. Außerdem werden die Dampfschiffe „Hamburg" und „Germania" die Verbindung zwischen Munkmarsch auf Sylt, Wyk auf Föhr und Wittdün auf Amrum herstellen, so daß dadurch eine tägliche Verbindung zwischen Hamburg und den schleswigschen Nordseeinseln ins Leben gerufen ist. Es kann keinem Zweifel unterliegen, daß die diesjährige Verbindung, welche durch vorzügliche Schiffe ausgeführt wird, wesentlich zur Hebung der Nordseebäder beitragen wird. Auch ist es für die Nordseeinseln von weitgehendster Bedeutung, daß die Königl. Eisenbahn=Direction in diesem Jahre große Verkehrsverbesserungen betreffs Schnellzüge von Berlin nach Niebüll=Dagebüll und Hoyer=Schleuse einrichten wird; auch wird eine große Anzahl directer Fahrkarten von den größeren Städten Mittel= und Süddeutschlands nach den Nordseebädern aufgelegt. Die Nordseebäder werden durch diese trefflichen Verkehrseinrichtungen in diesem Sommer sich eines großartigen Besuches zu erfreuen haben.

* * *

Im Gegensatz zu den größeren, durch Deiche und Dünen gesicherten Inseln werden die kleinen Eilande **Halligen** genannt. Dieselben bilden mit den Marschinseln Nordstrand und Pellworm die Reste der einst so fruchtbaren Landschaft Alt-Nordstrand, welche, nachdem wiederholte Sturmfluthen, namentlich die s. g. Manntränke vom 8. und 9. September 1362, allmählich bedeutende Strecken Landes weggerissen hatten, durch die Sturmfluth vom 11. und 12. October 1634 vollends auseinandergerissen wurde. Der bekannte friesische Chronist Hansen schildert den jüngsten Tag des alten Nordstrands mit folgenden ergreifenden Worten: „Endlich kam der jüngste, der schrecklichste Tag des alten Nordstrands, und ich möchte sagen, des alten Nordfrieslands. Noch am 10. October 1634 lag es da, das grüne, von Fett und Fruchtbarkeit erfüllte Tiefland inmitten der finstern, grollenden See, die Freude, die Kraft, der Stolz und Mittelpunkt der Uthlande, [nicht ahnend dessen, was ihm bevorstand, nach hundert trüben Erfahrungen noch immer fest bauend auf den Schutz seiner erst vor kurzem wieder errichteten Deiche. Ringsum lag ein Kranz von Halligen und Hallighütten, die wie seltsam gestaltete und gruppierte Felsen aus der Wasser- und Wattenwüste hervorragten; weiterhin, jenseits derselben, glänzte ein Schaumgürtel der sich brechenden Wellen an den äußern Sandbänken und Inseln. Im Westen und Süden zogen finstere Wolkenmassen am Himmel herauf, obgleich der Wind noch ruhte. Es war die Todtenstille, die oft dem Sturme vorhergeht. Im fernen Westen blitzte es, und als es Abend wurde, die finstere lange Nacht heranschlich, da flüchtete ahnungsvoll der Schiffer wie die Seemöve ans Ufer, die vorsichtige Krähe aber auf's Festland.

Die Nacht verging; der Morgen des 11. October kam, der letzte, welchen das altberühmte Nordstrand erlebte. Blutroth stieg die Sonne im Südosten hinter Eiderstedt herauf, beschaute noch einmal das schöne fruchtbare Eiland mit seinem goldenen Ring, mit seinen grünen Wiesen und weidenden Viehheerden, mit seinen gesegneten Aeckern, seinen Kirchen und Mühlen, seinen stillen Dörfern und zerstreuten Bauerhöfen, seiner emsigen, tüchtigen, Gott und sich selbst vertrauenden Bevölkerung; dann verbarg sie sich wie weinend hinter die dichten Wolken, die für den Tag ihr die Herrschaft stahlen. Noch einmal läuteten die Kirchenglocken die gläubigen Christen zum Gottesdienst in die Kirchen — denn es war eben Sonntag. Noch einmal schaarten sich die Schlachtopfer betend in den heimathlichen Gotteshäusern, stimmten noch einmal ein Loblied dem Herrn an, während der Donner schon über ihren Häuptern rollte und der Regen sich in Strömen ergoß.

Noch einmal sammelten sich die Familien an ihrem freien Eigenthumsherde und um den gefüllten Tisch in Frieden, nicht ahnend, daß es das letzte Mal sein würde. — Da brach er los aus Südwest, der unglückselige Sturm, der Tausende vernichten und andern Tausenden alles, nur nicht das arme nackte Leben rauben sollte. Ich will nicht versuchen zu schildern das Gebrause des gegen den Abend, und namentlich um 9 Uhr Abends, wie ein wüthendes Ungethüm durch die Luft fahrenden Orkans, noch das donnerähnliche Getöse der gegen das Eiland rollenden, brechenden und endlich über die Deiche und durch dieselben stürzenden, die Erde weit aufreißenden Wellen; noch das Zittern der Werften und Heuberge im Wogendrange, noch das Gestöhn und Geächze der wankenden und fallenden Mauern und Balken, oder das Schwirren und Pfeifen des mit dem Sturme fortfliegenden Daches; noch das Zischen und Leuchten des hier und da in diesem

Weltuntergange ausbrechenden Feuers oder das Heulen der Sturmglocken, das Grabgeläute bei dieser großen Beerdigung; noch das Angstgebrüll der sterbenden Thiere, und am allerwenigsten die stillen Seufzer und Gebete der erstickenden Menschen. — Nach einer kleinen Stunde, um 10 Uhr Abends — schreibt ein Augenzeuge — war alles vorbei, da hatte Nordstrand aufgehört zu sein; da waren mehr als 6200 Menschen und 50 000 Stück Vieh dort ertrunken, da waren die Teiche der Insel an 44 Stellen durchgebrochen; da lagen 30 Mühlen und mehr als 1300 Häuser zertrümmert darnieder. Da war vernichtet die Heimath und das Glück von mehr als 8000 Menschen. — Nur die festeren Kirchthürme und Kirchen ragten aus diesem wilden Chaos, aus diesem großen Kirchhofe, wie kolossale Grabmäler hervor. — Der kalte Nordwest hatte unterdeß in der Nacht über die Trauerscene geweht, jedoch der Sturm sich allmählich gelegt. — Nur 2633

Menschen hatten diese Schreckensnacht, hatten den Untergang ihrer Heimathinsel überlebt, blickten aber jetzt trostlos auf die veröbeten Land- und Häusertrümmer, auf die zerrissenen Deiche und das frei ein- und ausströmende erbarmungslose Meer, auf die im Wasser und Schlamm umherliegenden Menschen- und Thierleichen, auf die zerstörten und verdorbenen Geräthe und Vorräthe, und vor allem auf den nahen Winter mit seinem Frost und Schnee, mit neuen Stürmen und Fluthen und neuem Elend, und auf ihr eigenes nacktes Dasein inmitten dieser Wasserwüste und dieser wilden Elemente.

Die übrig gebliebenen Friesen und sonstigen Marschbewohner hatten, als der Sturm sich gelegt, das Meer sich beruhigt und das ins Land gedrungene salzige Wasser sich mehrentheils wieder verlaufen hatte, vollauf zu thun, um ihre Häuser wieder einigermaßen bewohnbar zu machen, ihre Todten zu beerdigen, sich und ihr Vieh, das

noch am Leben geblieben war, mit Trinkwasser
und den sonst nothwendigen Lebensbedürfnissen
zu versehen, die entstandenen Wehlen und Deich=
brüche so viel als thunlich wieder auszufüllen
und ihr Land von dem ärgsten Unrath zu reini=
gen. Das Wetter war ihnen im Herbste und
im folgenden Winter zum Theil sehr günstig,
mehrentheils milde, und in den Gewässern zeigte
sich ein nie früher bemerkter Ueberfluß an Fischen,
die den armen, von allem entblößten Einwohnern
sehr zu statten kamen. Die Festlandsfriesen wur=
den mit diesen Arbeiten und Vorkehrungen zur
Fristung, Verbesserung und Sicherung ihrer Exi=
stenz im allgemeinen am schnellsten fertig, jedoch
dauerten die Nachwehen des großen Unglücks
überall noch lange fort. — Auf den Inseln aber,
und namentlich auf den Trümmern Nordstrands,
waren die Bewohner dieser Aufgabe nicht mehr
gewachsen. Die Pellwormer waren am glücklich=
sten unter ihnen; sie schonten aber auch ihre

Kräfte nicht, hatten um Fastnacht 1635 bereits 5 Wehlen gestopft und deichten auch im folgenden Sommer rüstig fort, trotz einer neuen Sturmfluth im October 1635, so daß sie im Jahre 1637 mit der Wiederbedeichung ihrer Insel soweit fertig waren, daß sie 5 alte Koege ihrer Harde wieder gewonnen hatten. Ihre beiden Kirchen waren stehen geblieben. Die Bewohner der Reste von der Biltring- und Edomsharde konnten aber nicht mehr Herr des Wassers und ihrer zerrissenen Deiche werden. Sie bauten sich höhere Werften, zum Theil auf dem von der Natur etwas höheren Moorstriche „Lütje Moor" oder Nordstrandisch-Moor genannt, an, und nährten sich, freilich kümmerlich genug, in Zukunft von Schafzucht, Fischerei und Torfgraben. Viele aber wanderten aus, gingen zur See, nach Holland oder dem Festlande, z. B. Husum und Langenhorn, die Mehrzahl aber nach Föhr, siedelten sich in Nieblum an und begannen den

Flecken Wyk zu bauen. Sie hielten sich zur Kirche nach Oldenbüll, hielten sich aber auf dem Moore einen eigenen Prediger, bauten 1657 auch eine Kirche daselbst. In den folgenden Jahren finden wir sie vielfältig dabei beschäftigt, ihre Kirchen abzubrechen, und die Materialien zu anderen Zwecken zu benutzen. Ihre Deiche mußten sie aufgeben, ihr Land wurde größtentheils Watt. Den andern Nordstrandern stand noch eine, vielleicht die härteste Prüfung von allen bevor. Ihr Landesfürst, Herzog Friedrich III, vertrieb sie erbarmungslos von ihrem rechtmäßigen Eigenthume, von ihrer theuren Heimath, weil sie, ohne ihr Verschulden, nicht im Stande waren, ihr gerissenes Land mit Ausnahme des Trindermarschkooges und des neuen Kooges, mit deren Eindeichung im Jahre 1635 begonnen wurde, wieder zu deichen". Erst einer Gesellschaft von Niederländern, welche mit Erlaubniß des vorgenannten Herzogs sich niederließen, war es vorbehalten, diese Arbeiten zu beenden. Sie nahmen im Jahre 1654 die Eindeichung des Friedrichskoogs in Angriff, deichten allmählich die noch jetzt in der Gemeinde Nordstrand bestehenden fünf Köge ein, benutzten die Kirche zu Odenbüll und bauten sich überdieß zwei katholische Kapellen.

Mitte der siebenziger Jahre dieses Jahrhunderts entschloß die Gemeinde sich, den Seedeich behufs Erhaltung der Insel und zugleich zum Schutze der dahinter liegenden schleswig'schen Küste unter Beihülfe der Staatsregierung mit einem Kostenaufwande von 480 000 Mark mit einer starken Steindecke zu versehen. Nachdem dieser Steindeichbau zur Ausführung gekommen, können so unglückliche Ereignisse wie 1634 nicht wieder eintreten und sehen die Nordstrander jetzt mit Ruhe in die Zukunft.

Seit der Vereinigung Schleswig-Holsteins mit der preußischen Monarchie haben die Halligen die besondere Aufmerksamkeit der Staatsregierung in Anspruch genommen. Der Werth dieser Reste des alten nordfriesischen Festlandes beruht hauptsächlich in dem Schutze, welchen sie als Wellenbrecher dem dahinter liegenden Festlande gegen die Angriffe der Meeresfluthen bieten. Außerdem bilden sie die natürlichen Stützpunkte für die Fortsetzung der an der schleswig'schen Westküste seit Jahrhunderten mit Erfolg betriebenen umfassenden Verlandungsarbeiten. Mit den durch die Staatshaushaltsetats für die Jahre 1874 und 1875 bewilligten Geldmitteln sind zunächst versuchsweise Maßnahmen zur Sicherung der Hamburger Hallig getroffen worden. Die im Interesse der Festlegung und Landgewinnung ausgeführten Bauten haben einen günstigen Erfolg gehabt; die Hallig ist nicht nur in ihrem Bestande erhalten worden, sondern der zwischen ihr und dem Festlande hergestellte Damm hat auch zu einer ausgedehnten Anlandung geführt, die den Gewinn größerer Landflächen in Aussicht stellt.

Auf Grund der hier gesammelten Erfahrungen soll nunmehr weiter vorgegangen werden. Während im Uebrigen von Maßnahmen zur Sicherung der Halligen einstweilen abgesehen werden kann, theils weil diese ihres geringen Umfanges und ihrer entfernten Lage wegen für den Schutz des Festlandes nur untergeordnete Bedeutung besitzen, theils weil eine unmittelbare Gefahr für den Bestand derselben bei ihrer Größe und ihrem gegenwärtigen Zustand ausgeschlossen erscheint, sind solche Maßnahmen für die kleinen, dem Festlande am nächsten gelegenen Halligen Oland, Gröde und Appelland dringend nothwendig. Durch die bei letzteren geplanten Bauausführungen wird zugleich die Verlandung eines Theils des zwischen den Halligen und der Küste belegenen Wattengebiets und damit der Schutz der dahinter befindlichen Deiche gefördert. Wegen der für die Landgewinnung besonders günstigen Aussichten ist insbesondere die Verbindung von Oland mit dem

Festlande und mit Langeneß durch Dammanlagen ins Auge gefaßt. Ob später auch Appelland und Gröde an das Festland anzuschließen und die benachbarte kleine Hallig Habel in den Bereich der Sicherungs- und Landgewinnungsarbeiten einzuziehen sein wird, hängt von dem Erfolg ab, den die vorgedachten Arbeiten haben werden. In letzterer Beziehung muß damit gerechnet werden, daß es langer Jahre, vermuthlich mehrerer Menschenalter bedürfen wird, um die Umwandlung der in Frage stehenden Watten in festes Land zu erreichen. Immerhin wird der dereinst zu erwartende Gewinn umfangreicher Strecken fruchtbaren Marschbodens, abgesehen von der großen Bedeutung dieser Flächen für den Schutz der Festlandsdeiche, einen Ausgleich für einen erheblichen Theil der aufzuwendenden Geldmittel bilden. Die Kosten für den Bau von Steindecken, Pfahlbuhnen und Buschlahnungen zum Schutz der Halligen Oland, Gröde und Appelland, sowie für die Herstellung eines Dammes von Oland einerseits und dem Festlande andererseits nach Langeneß sind auf im Ganzen 1 320 000 Mark veranschlagt worden. Die Ausführung des Baues wird einen Zeitraum von 5 Jahren in Anspruch nehmen. Für das erste Baujahr ist ein Betrag von 220 000 Mark in den preußischen Staatshaushaltsetat pro 1896/97 eingestellt worden. Auf Beiträge der Halligbewohner zu den Baukosten ist nach Lage der Verhältnisse nicht zu rechnen.

Ich darf Sie jetzt wohl mit den Halligen etwas näher bekannt machen. Eine Hallig ist ein flaches Grasfeld, das nur einige Fuß höher liegt, als der Stand der gewöhnlichen Fluth des Meeres. Im Sommer erscheint die Existenz derselben sehr idyllisch und anheimelnd, sie liegen friedlich und ruhig im Meereswasser beim schönen Sonnenschein da und erfreuen sich ihres Grüns. Im Herbst und Winter dagegen, wenn die Stürme über das Meer dahinbrausen, werden sie wohl zweimal an einem Tage von der wogenden See überschwemmt, und jede Fluth nimmt etwas von dem Flächeninhalt der Insel fort.

Die Größe der Halligen beträgt:

1. Hooge . . . . 677 ha mit 140 Einw.
2. Langeneß mit Butwehl 669 ha „ 141 „
3. Nordmarsch . . . . . . 509 ha „ 99 „
4. Nordstrandisch-Moor . 238 ha „ 27 „
5. Gröde mit Appelland . 234 ha „ 21 „
6. Südfall . . . . 119 ha   unbewohnt
7. Süderoog . . . . 29 ha mit 5 Einw.
8. Oland . . . . 84 ha „ 37 „
9. Hamburger Hallig . 79½ ha   unbewohnt
10. Habel . . . . 35 ha mit 11 Einw.
11. Norderoog . . . . 22 ha   unbewohnt

Wie schon bemerkt, werden die Halligen bei jeder größeren Fluth überschwemmt. Alsdann bespült das Wasser die Werften oder Wurthen, auf welchen die Häuser der Halligbewohner erbaut sind, und es scheint, als ob dieselben auf kleinen Inselchen mitten in der offenen See lägen. Es macht einen eigenthümlichen Eindruck, wenn in finsterer Nacht ein Schiff in die Nähe einer Hallig kommt und man dann plötzlich, von den tobenden Wellen umbraust, das Licht des Halligbewohners in der Nähe erblickt. Ruhig weilt der Bewohner in seinem Hause, während draußen die See um seine Schwelle tobt, denn er weiß, wie lange das Wasser steigen wird und daß es dann wieder sinkt. Aber wehe ihm, wenn zur Zeit der Springfluthen heftige Stürme aus dem Westen entstehen! Dann schützt seine Werft, die feste Mauer seines Hauses, ihn nicht. Immer höher steigt das Wasser, und bald rollen die Wellen selbst über die Werft hin und stoßen gegen die Mauern der Häuser. Die Mauern fallen um; da sie aber nicht das Gesparre des Gebäudes tragen, so bricht dieses nicht zusammen; es ruht noch auf den innerhalb des Gemäuers stehenden, fest in die Erde gerammten Pfählen und guckt, auf schwankendem Balkengerüst hervorragend, gleich wrackgewordenem Schiff aus den Wellen hervor. Die Halligbewohner flüchten dann mit ihrem Vieh und ihren nothdürftigen Habseligkeiten auf den Boden des Hauses hinauf, um vielleicht mit allem, was ihnen auf Erden lieb und theuer, durch die nächste schwere See ins nasse Wellenbad gebettet zu werden. Dennoch liebt diese Bevölkerung ihre ärmliche Heimath, und der aus der Sturmfluth Gerettete baut sich immer wieder da an, wo er vor kurzem Alles verlor.

Wie die von dem Lehrer Jensen in Oevenum auf Föhr herausgegebene Beschreibung der nordfriesischen Inselgruppe und ihrer Bewohner,[*] welche ich ihres reichen und interessanten Inhalts wegen jedem sich für diese Inselgruppe Interessirenden zur Anschaffung empfehle, besagt, ist bei den Halligbewohnern Sinn für Recht und Ordnung,

---

[*] Jensen, Nordfriesische Inseln. Hamburg 1891, Verlagsanstalt und Druckerei Actien-Gesellschaft (vormals J. F. Richter).

ein klarer Verstand und neben treuer Bewahrung alter Sitten und Lebensgewohnheiten Genügsamkeit und Zufriedenheit vorherrschend. Er hält sich fleißig zur Kirche*) und lebt seiner Familie sonderlich im Winter; wenn dann wochenlang die Post ausbleibt — nur Hooge besitzt seit einigen Jahren telegraphische Verbindung mit dem Festlande — besucht er gern seinen Nachbar, gegen den er ebenso gastfrei ist, wie gegen den Fremden von der Nachbarinsel oder aus der Ferne. In seinem Urtheil ist er nicht vorschnell, aber er sagt unumwunden seine Meinung. Als einst König Friedrich VI von Dänemark wegen einer Sturmfluth länger, als beabsichtigt, auf Hooge weilte, erklärte ihm treu seine Wirthin: „Herr König, de Win is op, nu mutt he Melk drinken".

In früheren Zeiten ging fast die ganze männliche Bevölkerung zur See, während die

---

*) Kirchen sind vorhanden auf Oland, Langeneß, Gröde und Hooge.

Sorge um Haus und Feld dem weiblichen Theile überlassen war. Die Seefahrt brachte Wohlstand, reiche Erfahrung und reiche, ungeschmückte Bildung. Noch heute ist vieles auf den Halligen, was an diese Beschäftigung erinnert; finden wir doch das Schiff im Hause, im Gotteshause und auf dem Kirchhofe der Hallig. Seitdem die Seefahrt abgenommen, hat sich manches verändert. Viele wandern aus — um nicht wiederzukehren — immer aber findet man bei den Halligbewohnern doch noch die Liebe zur Heimath und die Treue, an derselben festzuhalten.

Von Natur ist der Marschboden der Hallig fruchtbar; das Meer aber macht ihn untauglich, etwas anderes, als Gras zu erzeugen; daher ist die Ernte auf die Heuernte beschränkt. Das geerntete Heu wird entweder, in weiße Laken gebunden, auf dem Kopfe in die Wohnung getragen, oder durch die paar vom Festlande zur Erntezeit herübergeschafften Lohnfuhrwerke fortgeschafft.

Die geringen Erzeugnisse ihrer auf die Haltung von einigen Kühen und Schafen beschränkten Landwirthschaft, als Butter, Käse, fettes Vieh, und die den eigenen Bedarf übersteigenden Erträge an Fischen, meist Schollen und Garneelen, bringen die Halligbewohner in Husum oder in Wyk auf Föhr an den Markt, sich dafür Korn, Feuerung, Kolonialwaaren ꝛc. eintauschend. Die Wintervorräthe besorgen sie im Herbst, da sie im Winter oft tage- und wochenlang vom Festlande abgeschnitten sind. Als die Trauerbotschaft vom Ableben Kaiser Wilhelms I noch am Abend des 9. März in ferne Welttheile getragen wurde, war die Postverbindung nach und von den Halligen unterbrochen. Auf Hooge und Gröde feierten sie daher am 22. März den Geburtstag des Kaisers wie gewöhnlich durch eine Schulfeier, und erst am Nachmittage ging die Nachricht ein, daß er nicht mehr unter den Lebenden weile. —

Auf der etwa 4 Meter hohen Werft liegen

die Wohnungen mit ihren Nebengebäuden an einem abgepflasterten Hauptwege oft an einem Teiche malerisch gruppirt. Außer diesem für Regenwasser bestimmten gemeinsamen Teich hat jedes Haus unter der Dachtraufe einen aus Mauersteinen hergestellten Regenwasserbrunnen. Mit der Front nach Süden gekehrt, liegen die Wohnräume des Hauses zu beiden Seiten einer Hausflur, in welche man durch die horizontal in Ober- und Untertheil getheilte Hausthür eintritt. Im hintern Theil des Hauses sind Küche, Keller und Viehställe.

Das Holzwerk der den Schiffskajüten ähnlichen Wohnstube ist mit Schnitzereien und Malereien versehen. Die Wände sind mit Kacheln belegt; buntfarbig erscheinen auf denselben Ornamente neben Scenen aus der biblischen Geschichte. An den Wänden hängen die in Oel ausgeführten Bilder von den Schiffen, die der einstige Besitzer des Hauses als Handelsschiffer durch die Meere führte. In dem Staatszimmer, dem Pesel, steht noch hin und wieder die s. g. Brautlade, die auf der Innenseite des Deckels verschlungene Namenszüge in Goldbuchstaben trägt. Aber die zwei Staatsanzüge, welche der Kapitain-Bräutigam der Braut geschickt, sind nicht mehr darin. Die feine Brokatseide in lebhaften Farben galt einen holl. Dukaten die Elle. Werthvoller wurden diese Anzüge der Halligbewohnerinnen noch durch den reichen Silberschmuck, der ihre Brust zierte: 4 Meter war die Kette lang; die Münzen, schwerer noch als diese, trugen sinnreiche Inschriften, z. B. „Siehe, also wird gesegnet, wer den Herrn fürchtet". „Ein vernünftig Weib erfrischet des Mannes Herz". —

* * *

Die Umgangssprache auf den nordfriesischen Inseln ist vorwiegend die friesische, deren Mundarten sich als die Sylter, die Föhr-Amrumer und die Halliger Mundart zusammenfassen lassen.

Im Jahre 1889 waren auf den Inseln 2193 Familien vorhanden, von denen 1304 friesisch, 622 plattdeutsch, 89 hochdeutsch und 47 dänisch sprachen, während in 131 Familien gemischte Sprache vorkam. Leider erscheint die Befürchtung begründet, daß im Strom der Zeit die friesische Sprache an Gebiet verliert.

Dasselbe gilt von der Nationaltracht der Insulanerinnen. Während von einer Nationaltracht der Sylterinnen der Gegenwart nicht die Rede sein kann, da die Mode die letzte eigenthümlich sylterfriesische Tracht bis auf einige kleine Reste verschlungen hat, ist auf Föhr, Amrum und den Halligen fast übereinstimmende Nationaltracht noch vorhanden, aber auch in der Abnahme begriffen. Das Auffallendste in der Tracht ist ein schwarzes, um den Kopf geschlungenes Tuch, das vom Gesicht fast nur die Augen sichtbar bleiben läßt, aus Eitelkeit, um den Teint zu schonen. Malerischer wissen dagegen die von jenseits des Wassers

Gekommenen das dunkle, mit einer feinen Blumenborde verzierte Tuch gleich einem Turban um den Kopf zu winden. Nach oben zu lassen die Mädchen die Haarflechten sichtbar, während das Haar bei den Frauen durch ein Stück rothen Zeuges verdeckt wird. Ein ähnliches Tuch wird so um den Hals gelegt, daß es, oben weit abstehend, diesen sichtbar läßt. Das knapp anschließende Mieder ist von dunkler Farbe, und Brust und Aermel sind mit großen silbernen Knöpfen aus feiner Filigranarbeit geschmückt. Zu der friesischen Sonntagstracht gehören als Schnüre verwandte, quer über die Brust gehende goldene oder silberne Ketten von Filigran, an denen alte, blank gepuzte Münzen und Schaustücke hängen. Der lange, faltenreiche Rock ist von dunkelblauem Tuch, unten herum mit einem hellseidenen Bande garnirt; eine breite und lange Schürze von dunkler Seide, oder Wolle, oder von weißer Leinwand wird hinten durch eine goldene oder silberne

Spange zusammengehalten. Da nun die Frauen und Mädchen, wie das zum Nachtheil der Gesundheit gebräuchlich ist, bei der Arbeit oder dem Aufenthalt im Freien auch noch das Gesicht durch ein schwarzes Tuch verbinden, so daß, wie schon bemerkt, nur die Augen frei bleiben, ist es erklärlich, daß der Reisende und Schriftsteller Kohl vor den schwarzen Gestalten erschrecken konnte. Vortheilhaft gehoben werden durch die geschilderten Trachten die schlanken Gestalten der Föhringer Frauen und Mädchen; mehr noch überraschen die durchgehends feinen Formen des Gesichts, der schöne Teint und das lebhafte, intelligente Auge, Eigenschaften, die auf Föhr und den Halligen das weibliche Geschlecht vor den übrigen Friesinnen auszeichnen.

Neben der Nationaltracht hat sich sowohl auf den Halligen, als auch in Wyk auf Föhr die Sitte erhalten, einem nicht von der Insel stammenden Bräutigam ein reich mit Flaggen und

Laternen ausgeschmücktes Boot zu bringen, wenn der Betreffende bereit ist, sich dafür erkenntlich zu zeigen. Mir wurde als glücklicher Bräutigam im Jahre 1882 in Wyk auf Föhr ebenfalls diese Ehre zu theil. Es wird hierbei in folgender Weise verfahren: Nachdem die jungen Leute sich einen vorher der Seitenbretter entledigten Wagen verschafft und das decorierte Boot auf diesem befestigt haben, spannen sie sich mit Dunkelwerden vor diesen Schiffswagen. Mit Musikbegleitung gehts durch die Straßen des Fleckens zur Wohnung der Braut. Hier wird Halt gemacht und das junge Paar von einem redegewandten Theilnehmer vom Schiffe aus beglückwünscht. Nach reichlicher Bewirthung der jungen Leute, bei welcher es gewöhnlich recht heiter hergeht, setzen sie wieder ihr Boot in Fahrt, um nochmals singend und spielend die Straßen zu durchsegeln und im Wirthshause bei Bier, Grog oder Theepunsch den Rest des Abends zu verbringen. Nachts vor dem

Hochzeitstage werden in der Straße Guirlanden und Ehrenpforten angebracht; folgenden Tags findet dann wiederum Bewirthung und später Ball für die jungen Leute statt, was, wie ich aus Erfahrung weiß, unter Umständen für die Hochzeitsgeber recht kostspielig werden kann.

Ein ferner an die Halefjunkengänger alter Zeit erinnernder Brauch auf den Dörfern Föhrs ist die abendliche Zusammenkunft von Männern in einem auf gemeinschaftliche Kosten gemietheten Zimmer. In diesen für verheirathete und unverheirathete Personen in verschiedenen Lokalitäten stattfindenden Versammlungen „Hualewjonken", zu Deutsch „Halbdunkeln", wird nicht, wie im Wirthshause, große und kleine Politik getrieben, sondern bei einer Pfeife Tabak die Zeitung vorgelesen und über Tagesneuigkeiten Bericht erstattet, wobei aber Spirituosen nicht genossen und auch keine Karten gespielt werden.

* * *

Zum Schluß Einiges aus dem Kriegs- und Seeleben der Inselfriesen:

Unter den auf der cimbrischen Halbinsel wohnenden verschiedenen Völkerstämmen hat man von Alters her oft die Friesen als besonders streitsüchtig und kampflustig bezeichnet. Es geht aber aus der Geschichte und Sage der cimbrischen Völker solches nicht hervor, sondern, daß die Friesen zu wiederholten Malen von ihren ärmeren, raubgierigen und herrschsüchtigen Nachbarn, den Jüten, in ihrem eigenen Lande angefallen und mit Krieg überzogen worden sind, daß sie sich dann freilich nothgedrungen tapfer gewehrt haben, jedoch sehr vereinzelt und nicht immer mit Glück. Nur einmal — so erzählt die Sage — hätten sie sich zu einem Kriegszuge nach Jütland zur Züchtigung ihrer dortigen, in alter Zeit besonders raubgierigen Nachbarn ermannt und vereinigt. Im Monat Mai des 8. Jahrhunderts n. Chr. versammelten sich die friesischen Seefahrer, fast 3000

Mann an der Zahl, auf Helgoland und steuerten unter ihrem Kriegsanführer Boh auf 40 größeren und einigen kleineren Fahrzeugen nordwärts nach der westlichen Mündung des Limpfjords. Ihre Bestimmung war eine doppelte, theils an den Ufern des Limpfjords die dortigen Seeräubernester aufzusuchen und zu zerstören, theils, wenn thunlich und nöthig, das friesische Landheer zu unterstützen.

Das Landheer der Friesen sammelte sich unterdeß verabredetermaßen in Leck, dem Hauptorte der friesischen Karrharde. Es bestand aus ungefähr 6000 rüstigen, streitbaren Männern. Zum Hauptanführer der Armee wurde der bekannte friesische Held Ubbo gewählt. Von Leck ging's über die jütländische Grenze weiter nördlich durch sandige und trockene, jedoch an dürrem Gestrüpp, Haide und Gebüsch reiche Gegenden bis in die Nähe Wiborgs und von dort aus westlich bis an den Rand der Gudumhaide, indem sie in dieser

Gegend den dänischen König Harald Hildetand oder dessen Armee zu treffen und Nachrichten von ihren Sylter und Föhrer Landsleuten, die zu Schiffe in die westliche Mündung des Limpfjords einzudringen beabsichtigten, zu erhalten hofften. Dem kriegskundigen Ubbo gelang es auch, die Stellung der Dänen in der Gudumhaide zu erkunden. Es kam zu einer hitzigen Schlacht zwischen diesen und den Friesen, in welcher viele Krieger auf beiden Seiten fielen, wovon die vielen Grabhügel auf der Gudumhaide noch jetzt zeugen. Obgleich die Schlacht unentschieden blieb, so ließ sich doch der König Harald, in der Furcht, in einem abermaligen Treffen unterliegen zu müssen, mit den Friesen in Unterhandlungen ein, welche damit endigten, daß es nicht nur zu einem Frieden zwischen den beiden Völkern, sondern sogar zu einer ehelichen Verbindung des friesischen Generals Ubbo mit der Schwester des Königs Harald, der schönen Allfriede, kam. Nachdem Alles geregelt war, wurden zwei Boten, ein dänischer und ein friesischer, miteinander abgesandt an die Anwohner des Limpfjords und den See=helden Boh und dessen Anhang mit der Anzeige: „All' Fehd' hat nun ein Ende". Zugleich wurde Boh eingeladen, sich zu der Hochzeitsfeier des friesischen Generals Ubbo mit der dänischen Prin=zessin Allfriede einfinden zu wollen. Die Sage fügt hinzu, daß nie zuvor und nie nachher eine solche fröhliche, allgemein befriedigende Hochzeit gefeiert worden sei, als die Ubbo's mit der schö=nen Allfriede in Gudum.

Der friesische Held Ubbo blieb von nun an in Dänemark am Hofe des Königs, wurde dessen Feldherr und erfocht für denselben manchen Sieg. Er fiel endlich sammt dem König Harald Hildetand in der berühmten Bravalla=Schlacht gegen den König „Ring" von Schweden.

Die Friesen haben sich auch an den Kreuz=zügen nach Palästina betheiligt und sich besonders bei dem ersten großen Kreuzzuge unter Gottfried von Bouillon bei der Belagerung und Eroberung der Stadt Nicea im Jahre 1097 ausgezeichnet, nach deren Einnahme der Friese Elke Liaukmar Kommandant der Stadt wurde. Der General Liaukmar, welcher 3000 Mann Kavallerie befehligte, wurde jedoch bald darauf bei der Belagerung Jerusalems zu Hilfe gerufen und nahm auch an der Eroberung dieser Stadt im Jahre 1099 einen glänzenden Antheil. Nach zehnjähriger Abwesenheit kehrten am 15. December 1106 die wenigen, auf diesem ersten großen Kreuzzuge nicht umgekommenen Friesen endlich nach ihrem Vaterlande zurück, woselbst sie von ihren Landsleuten mit großen Ehren und Festlichkeiten empfangen wurden.

Nachdem das Christenthum in Nordfriesland vollständig eingeführt und die Kriegs- und Kreuzzüge der Nordfriesen beendigt waren, kam eine Zeit, in welcher sie vorzugsweise nur Küstenfahrten auf der Nordsee unternahmen, namentlich seit 1426 zahlreich an dem Heringsfange bei Helgoland Theil nahmen, welcher, obgleich die Fischer und selbst die benachbarten Fürsten und Regierungen einander vielfach wegen der Felsen=insel und des Heringsfanges selbst beneideten und stritten, mehrere Jahrhunderte Bestand hatte, bis die Heringe im 17. Jahrhundert fast ganz von dort verschwanden.

Hierauf legten sich die Inselfriesen auf den Wallfischfang. Sie fuhren nicht blos auf hollän=dischen, hamburgischen und später auch auf britti=schen Schiffen nach Spitzbergen und Grönland, um Wallfische zu fangen, sondern sandten seit 1634 alle Jahre eigene Schiffe auf diesen Fang aus. Sie fanden in der Regel im Juni und Juli die geräumigen Buchten und Häfen bei Spitzbergen vom Eise frei, aber wimmelnd von Wallfischen und Wallrossen, erbauten sich hier an einer Bucht Packhäuser und Thranbrennereien, erlegten anfänglich mit leichter Mühe eine große Menge Wallfische, schleppten dieselben an den Strand, kochten sofort den Thran ab und brachten gewöhnlich eine reiche Beute heim. Nach und nach begann jedoch die Zahl der Wallfische in Folge der starken Verfolgung abzunehmen; man fand die Wallfische selten noch in großer Anzahl beisammen, mußte sie vielmehr einzeln an den Eisrändern und selbst in dem Eise zwischen den Eisschollen und Eisfeldern Ostgrönlands aufsuchen und tödten, hatte aber hier von Stürmen, Strömungen und vom Eise mehr zu leiden, als in den von hohen Felsen geschützten Häfen Spitzbergens. Manches Schiff blieb im Eise stecken und Hunderte von Menschen verloren nicht selten das Leben dort.

Die Folge davon war, daß der Wallfischfang allmählich abnahm, und nun wurden die Friesen Handelsfahrer auf deutschen, dänischen und niederländischen Schiffen, die ganze Erde

umschweifend. Im Winter aber kehrten sie, wenn
möglich, in die Heimath zurück und studierten
Steuermannskunde, um bessere Posten auf den
Handelsschiffen zu erlangen. Auf solchen Reisen
geriethen sie nun in Gefahr, von den türkischen
Seeräubern gefangen zu werden; ein Loos, das
nicht wenige getroffen hat. Es sei mir gestattet,
die Schicksale eines derselben kurz nach einer von ihm
selbst veranlaßten Lebensbeschreibung zu erzählen.

Es war am 10. März 1724, als in der
Nähe der Scilly-Inseln ein von der Elbe kom-
mendes Schiff von einem türkischen Seeräuber
überwältigt und nach Algier geführt wurde Auf
demselben waren vier Friesen von Amrum, unter
diesen Hark Olufs, geboren den 19. Juli 1708,
der Sohn eines Seemannes, der sich auf der
Düne zur Ruhe gesetzt hatte. In Algier wurde
er gleich seinen Leidensgefährten auf dem Markte
verkauft, er für ca. 1000 Mark Lübisch. Nachdem er mehrere Herren gehabt, von welchen jeder

ihn mit Vortheil an den andern überlassen hatte, wurde er an den Bay von Constantineh, Namens Assin, für 450 Stück von Achten verkauft. Drittehalb Jahre diente er diesem Herrn als gemeiner Lakei; da er jedoch in dieser Zeit sich die Gunst des Bay, der ein habgieriger, kriegerischer alter Mann war, erworben hatte, erhielt er das Amt eines Oberkassierers, welches er vier Jahre bekleidete, und als solcher, freilich immer noch als Sclave, einen jährlichen Lohn von 1700 Stück von Achten, außer einigem Lande, einigen Kameelen und Schafen. Er hatte zwei Schreiber und sonst zwanzig Bediente unter sich. Außerdem wurde ihm das Kommando über 500 Mann Cavallerie übertragen. Bei Gelegenheit eines Krieges mit dem Fürsten von Thesis zeichnete sich Hark Olufs mehrfach aus. Es wurde ihm deshalb die ganze Cavallerie des Bay anvertraut. Am Ende ließ sich jedoch diese Armee in einen feindlichen Hinterhalt locken, viele wurden getödtet, viele gefangen genommen, und der Rest entkam durch die Flucht. Hark Olufs war unter den Gefangenen. Anfangs widerfuhr ihm eine harte Behandlung, allein später wurde er mit Zutrauen und Achtung beehrt. Ein Scheik des Landes nahm ihn mit auf die Jagd; diese Gelegenheit benutzte er, ein schnelles Pferd zu besteigen und auf demselben zu seinem alten Herrn zu entfliehen. Nur mit genauer Noth entkam er den Kugeln der nachsetzenden Feinde und erreichte nach zwei Tagen das Lager des Bay wieder. Bald darauf wurde zwischen diesem und dem Fürsten von Thesis Frieden geschlossen. Mit diesem Fürsten in Gemeinschaft führte der Bay später einen Krieg gegen den Bay von Tunis. Auf einer Recognoscirung begriffen, wurde Hark abermals gefangen genommen; er wußte sich jedoch bei dem Bay von Tunis ebenfalls Zutrauen zu gewinnen, indem er sich für einen Deserteur ausgab. Ja, man vertraute ihm hier 100 Mann an, die er gegen den Bay führen sollte; allein er täuschte diese und ging wieder zu seinem alten Herrn, der sich nicht wenig über seine Treue gegen ihn freute. Hark Clufs rieth diesem, die Feinde eiligst anzugreifen. Er hatte nämlich die Zeit seiner Gefangenschaft benutzt, um die Stärke, sowie die schwache Seite der tunesischen Armee zu erforschen. Er führte nun die 40000 Mann des Bay von Constantineh gegen den Feind und erfocht einen vollständigen Sieg. — 1732 machte er mit seinem Herrn und im Gefolge einer Karawane von 6000 Mann eine Wallfahrt nach Mekka. Die Reise dauerte 13 Monate. Später wurde ihm eine Gesandtschaft an den König von Marokko anvertraut, die er wiederum zur Zufriedenheit seines Herrn ausrichtete. Ungeachtet seines langen Aufenthalts in Afrika bewahrte er seinen Glauben treu.

Vom alten Vater war unterdeß der Wohlstand geschwunden; er war dürstig, wenn nicht gar arm geworden. Nur ein Gedanke beseelte ihn und erhielt ihn am Leben: der Gedanke, den Sohn frei zu kaufen und ihn wieder in seine Arme zu schließen. Deshalb ersparte er, wo er konnte, verkaufte, was er hatte, und brachte so 800 Mark zusammen, die er durch einen Consul nach Afrika sandte. Er selbst aber war fast jeden Tag auf der hohen Düne und spähete, ob er nicht ein Segel sähe, das auf seine Insel steuere. Dies konnte ihm ja Kunde von seinem Sohne bringen, vielleicht den Sohn selbst. Wirklich brachte ein Schiff ihm die Kunde: dein Sohn ist frei und in Hamburg. Dorthin reiste er ihm entgegen, aber o bittere Täuschung! es war wohl ein Olufs da, nur nicht sein Sohn. Gebeugt und still kehrt er auf seine Düne zurück; die Hoffnung, daß sein Sohn dennoch zurückkomme, verläßt ihn nicht. Und die Stunde kam wirklich, nachdem er noch zwei Jahre geharrt hatte.

Als Hark Olufs im Ganzen zwölf Jahre

bei dem Bay Assin gedient, erhielt er auf seine Bitte von diesem seinen Abschied. Mit Geld und Gütern reichlich versehen, reiste er nach Algier, schiffte sich hier nach Marseille ein, reiste von da zu Lande über Lyon, Paris und Hamburg seiner Heimathinsel wieder zu. Hier in Hamburg traf er den alten Vater an, der ihm bis hierher auf die Nachricht seiner Befreiung aus der Sclaverei entgegengereist war. — Im Frühjahr 1736 kam er glücklich wieder auf Amrum an, verheirathete sich im folgenden Jahre, und lebte unter seinen fünf Kindern in Ruh' und Frieden, bis er am 13. October 1754 seine Tage im alten, väterlichen Hause beschloß, nachdem der alte Vater ihm 1750 vorangegangen war.

Es würde zu weit führen, wenn ich die mit Gefahren für Gesundheit und Leben verbundenen, aber auch den Wohlstand der Insulaner fördernden Seefahrten eingehender schildern wollte. Es sei hier nur noch erwähnt, daß der

Zeitraum von 1775 bis 1807, wo wir die Sylter als Handelsschiffer auf allen Meeren der Erde finden, für dieselben das „goldene Zeitalter" bedeutete, während auf Föhr die Jahre von 1720 bis 1775 als die einträglichsten und glücklichsten der Grönlandsfahrt bezeichnet werden.

Seit dem Jahre 1870 hat sich unter den Inselfriesen eine bedeutende Abnahme der seemännischen Bevölkerung bemerkbar gemacht. Als die Hauptursache dieser Erscheinung ist die Aufhebung der Privat-Navigationsschulen auf Sylt und Föhr zu bezeichnen. Vor Erlaß der Bestimmungen über die Prüfung der Seeschiffer und Seesteuerleute auf deutschen Kauffahrteischiffen vom 25. September 1869 und 30. Mai 1870 war es den jungen Seefahrern der schleswig'schen Westseeinseln wegen der geringen Forderungen bezüglich des Maaßes der theoretischen Kenntnisse leichter, in ihrem Berufe fortzukommen, zumal die Mehrzahl der die Navigationsschulen ihrer Heimath besuchenden Schüler Gelegenheit hatten, in den Häusern ihrer Eltern, Verwandten oder Freunde Kost und Wohnung zu erhalten. Die erhöhten Anforderungen hatten zur Folge, daß die jungen Leute der Westseeinseln sich lieber für einen andern Beruf entschieden, oder sich, nachdem sie das erste Examen abgelegt hatten, dem Seefahrtsberuf im Dienste einer andern Nation widmeten, oder auch nach Amerika auswanderten, um hier ihr Glück zu versuchen.

Letzteren widmet die friesische Dichterin Stine Andresen in dem Gedicht „Ein Abschiedsgruß" die hübschen Worte:

> Von jeher war dem Volk der Inselfriesen
> Das weite Meer ein segensreiches Feld.
> Es war sein Platz, auf den es hingewiesen,
> Drauf seines Lebensunterhalt gestellt.
> Doch als es mit der Seefahrt ging zurücke,
> Da ward der Inselfriesen Klagen laut.
> Zum Meere schweiften traurig ihre Blicke,
> Auf das sie stets so hoffnungsvoll geschaut.
> Das Meer, das ihrer Schiffe Kiel durchzogen,

Es reichte hier auch freundlich seine Hand,
Gen Westen trug es sie auf seinen Wogen
Und zeigte ihnen das gelobte Land.
Das ihnen Schutz und Unterhalt gewährte,
Das Land, das hochgepriesen fern und nah,
Das seitdem viele unsrer Brüder nährte,
Das schöne Land, das Land Amerika!

Die Landwirthschaft war früher eine Nebensache; sie wurde meist von den Frauen besorgt, während die Männer auf der See waren. Erst durch die im letzten Viertel des 18. Jahrhunderts auf den Inseln Sylt und Föhr vorgenommene Landauftheilung und in Folge Rückgangs der Seefahrt wurde eine Hebung der Landwirthschaft herbeigeführt.

Die landwirthschaftlichen Verhältnisse auf den Halligen habe ich bereits geschildert. Was Sylt in dieser Beziehung betrifft, so wird hier zwar einige Gerste und wenig Vieh ausgeführt, doch kommt der Betrag der Ausfuhr dem der Einfuhr an Weizenmehl, Roggen, Fleisch ꝛc. nicht gleich. Die Landwirthschaft der Amrumer deckt nicht den eigenen Bedarf. Auf Föhr dagegen liefert dieselbe besseren Ertrag, als auf den übrigen Inseln. Hier erforderte nach der Landauftheilung die Bearbeitung des Bodens mehr Hände als vorhanden waren, und so kamen viele Dänen und später, in Folge der Auswanderung nach Amerika, viele Festländer 2c. ins Land, die sich ansiedelten, verheiratheten und die landwirthschaftlichen Arbeiten mit besorgten; außerdem widmeten eingeborene Föhrer und von der Seefahrt heimgekehrte Seeleute sich der Landwirthschaft. So bedeutend hob sich der Landbau, daß alsbald Roggen, Gerste, Hafer, Buchweizen, Rappsaat, Kartoffeln und Schlachtvieh ausgeführt werden konnte.

Eine nicht unwesentliche Erwerbsquelle für die Insulaner vor Reorganisation des Strandungswesens war die Bergung gestrandeter Schiffsgüter. So suchte man in früheren Zeiten nicht nur mit Hülfe seiner eigenen Kraft und vielfach noch auf unredliche Weise alles an sich zu reißen, was strandete, sondern man verstieg sich sogar soweit, im allgemeinen Kirchengebet den Segen des Himmels mit den jedenfalls nicht sehr christlichen Worten herabzuflehen: „Herr, segne unsern Strand".

Es sei mir gestattet, im Anschluß hieran eine Traumgeschichte wiederzugeben:

Einem Amrumer träumt, das Zeitliche gesegnet und trotz seiner Strandräuberei Aussicht zu haben, in den Himmel zu kommen. Gleichzeitig mit ihm sind zwei hochgestellte Persönlichkeiten zur großen Armee abberufen worden, welche sich derselben Hoffnung hingeben. Aber wer beschreibt ihren Schrecken! Petrus verweigert ihnen die Aufnahme mit den Worten: „Bedauere sehr, das Himmelreich ist besetzt!" Nun ist guter Rat theuer. Der Amrumer sinnt hin und her, endlich aber schmunzelt er mit diplomatisch überlegener

Miene und läßt, noch ehe seine beiden Gefährten sich ihrer Situation bewußt geworden sind, aus Leibeskräften den Ruf erschallen: „Schipp opp'n Strand". Dies zieht, denn die Himmelsthür wird aufgerissen und über die Schwelle stürzt eine Anzahl Amrumer in der sicheren Hoffnung, auch hier einen gesegneten Strand zu finden. Aber welche Enttäuschung! Der schlaue Amrumer hat durch diese List sich und seinen beiden Gefährten Platz im Himmelreich verschafft, und die nunmehr desselben verlustigen beutegierigen Ausreißer haben das Nachsehen. Was aus ihnen geworden ist, mögen die Götter wissen. Jedenfalls aber hat der humorvolle Pastor em. Frercks von St. Nicolai auf Föhr Recht, wenn er sagt:

> „Dat geiht ehr ebenso as de Nieblumer, wüllt dat Letzte ut'e Kruk hem, un darbi fallt ehr de Deckel op'e Näs." —

Nehmen wir jetzt Abschied von dieser interessanten Inselwelt und dem sie umbrausenden, gewaltigen Meere, uns erinnernd an die Abschiedsworte Stine Andresen's:

> O Nordsee, wildbrausend am Dünengestad',
> Die heilende Kräfte die Fülle hat!
> Im ewigen Wechsel und doch sich stets gleich,
> So furchtbar und doch an Segen so reich.
> Es deucht mir dein Rauschen wie Sphärenmusik,
> Dich täglich zu schauen, das herrlichste Glück:
> Du brausest so frei und so mächtig daher,
>   Und ich lieb' dich so sehr!
>
> Jetzt muß ich dich meiden, so schwer es mir fällt,
> Du beste, du treueste Freundin der Welt!
> Noch spielt deine Welle so freundlich am Strand,
> Noch wallet in Falten dein silbern Gewand,
> Bald nahet die Zeit, wo kein Kräuseln sich regt,
> Der Winter in eisige Bande dich schlägt.
> Doch winkst du mir wieder mit wärmerem Blick,
>   Dann kehr' ich zurück!

Druck von Herm. Bremer in Meldorf.

Ergänzungen und Berichtigungen.

Es muß heißen:
Seite 10 Zeile 12 statt Lockenden „Lockenten"
„ 64 „ 6 „ einzuziehen „einzubeziehen"
„ „ 19 „ Buschlohnungen „Buschlahnungen"
„ 96 „ 18 guter „Rath" theuer.